Pawendkisgou Isidore Yanogo

Stratégies locales d'adaptation aux aléas climatiques autour de Bagré

Pawendkisgou Isidore Yanogo

Stratégies locales d'adaptation aux aléas climatiques autour de Bagré

Éditions universitaires européennes

Impressum / Mentions légales
Bibliografische Information der Deutschen Nationalbibliothek: Die Deutsche Nationalbibliothek verzeichnet diese Publikation in der Deutschen Nationalbibliografie; detaillierte bibliografische Daten sind im Internet über http://dnb.d-nb.de abrufbar.
Alle in diesem Buch genannten Marken und Produktnamen unterliegen warenzeichen-, marken- oder patentrechtlichem Schutz bzw. sind Warenzeichen oder eingetragene Warenzeichen der jeweiligen Inhaber. Die Wiedergabe von Marken, Produktnamen, Gebrauchsnamen, Handelsnamen, Warenbezeichnungen u.s.w. in diesem Werk berechtigt auch ohne besondere Kennzeichnung nicht zu der Annahme, dass solche Namen im Sinne der Warenzeichen- und Markenschutzgesetzgebung als frei zu betrachten wären und daher von jedermann benutzt werden dürften.

Information bibliographique publiée par la Deutsche Nationalbibliothek: La Deutsche Nationalbibliothek inscrit cette publication à la Deutsche Nationalbibliografie; des données bibliographiques détaillées sont disponibles sur internet à l'adresse http://dnb.d-nb.de.
Toutes marques et noms de produits mentionnés dans ce livre demeurent sous la protection des marques, des marques déposées et des brevets, et sont des marques ou des marques déposées de leurs détenteurs respectifs. L'utilisation des marques, noms de produits, noms communs, noms commerciaux, descriptions de produits, etc, même sans qu'ils soient mentionnés de façon particulière dans ce livre ne signifie en aucune façon que ces noms peuvent être utilisés sans restriction à l'égard de la législation pour la protection des marques et des marques déposées et pourraient donc être utilisés par quiconque.

Coverbild / Photo de couverture: www.ingimage.com

Verlag / Editeur:
Éditions universitaires européennes
ist ein Imprint der / est une marque déposée de
OmniScriptum GmbH & Co. KG
Heinrich-Böcking-Str. 6-8, 66121 Saarbrücken, Deutschland / Allemagne
Email: info@editions-ue.com

Herstellung: siehe letzte Seite /
Impression: voir la dernière page
ISBN: 978-3-8417-4279-7

Zugl. / Agréé par: Abomey-Calavi, Université d'Abomey-Calavi, 2012

DEDICACE

A mon père

A ma mère

A tous mes frères et soeurs

A mon Petit Monde: Rama et Steve

REMERCIEMENTS

Ce travail a bénéficié de l'appui et du soutien de nombreuses personnes. Nous voulons saisir l'opportunité qui nous est ainsi offerte pour leur exprimer notre sincère et profonde gratitude.

Au Professeur Michel BOKO qui a bien voulu accepter la direction de cette thèse. Par sa rigueur scientifique, son exigence et son sens élevé de responsabilité, il nous a toujours guidé vers l'essentiel dans un esprit toujours marqué par la simplicité et la clarté. En dépit de ses multiples sollicitations, il s'est toujours ménagé du temps pour nous orienter. Qu'il soit assuré de notre profonde reconnaissance.

Au Professeur Tanga Pierre ZOUNGRANA, notre premier maître dont la collaboration dans l'encadrement de ce travail a été majeure. Très présent à des moments clés de nos recherches, c'est lui qui nous a initié à la recherche et a toujours apporté des conseils et orientations pertinents. Tout au long de ce travail, il nous a fait bénéficier sans retenue, de son grand sens pédagogique, de sa clairvoyance, et de son soutien moral toujours empreint de chaleur humaine. Ses qualités humaines, ses capacités d'écoute, sa disponibilité intellectuelle, son ouverture vers l'autre ont été son éthique personnelle. Cela a été un apport inestimable dans la réalisation de ce travail. Nous lui sommes redevable.

Au Professeur Euloge K. AGBOSSOU qui, en dépit de ses multiples occupations, n'a ménagé aucun effort pour encadrer mes travaux et

3

ce depuis 2005. Je vous en suis infiniment reconnaissant et surtout merci pour la rigueur scientifique.

Nous devons notre formation de géographe à l'ensemble du corps enseignant du Département de Géographie de l'Université de Ouagadougou pour le sérieux, la rigueur et la richesse du savoir transmis. Le Professeur P. Honoré SOME, Doyen des enseignants du Département, restera toujours pour nous un exemple à suivre car il est ce sage dont tout le monde rêve de marcher dans le sillage.

Nous témoignons notre reconnaissance à l'égard de tous les acteurs autour des aménagements du Projet Bagré qui, en dépit de leurs multiples occupations, se sont prêtés à nos questions. Bien que bon nombre d'entre eux ne puisse lire ce document, nous leur disons grandement merci !

Un remerciement aux responsables de la DGRE (Direction Générale des Ressources en Eau), SP/PAGIRE et de l'AEN (Agence de l'Eau du Nakanbé) pour les multiples encouragements et soutiens.

Au projet WANSEC (West African Network for Studies of Environnemental Change), qui nous a permis un renforcement des capacités dans le domaine de la recherche et du traitement des images satellitaires, notre vif remerciement à tous les responsables et aux amis doctorants.

A mes amis et collaborateurs du Labo GEO-CFID, merci pour l'ambiance fraternelle et pour les encouragements multiples.

Notre gratitude à tout le personnel de la Maîtrise d'Ouvrage de Bagré qui a bien voulu rendre notre séjour agréable. Nous n'oublions pas de remercier tous nos enquêteurs sur les différents sites d'étude.

Nous sommes particulièrement reconnaissant envers nos amis qui n'ont cessé de nous encourager tout au long de ce travail.

A mon cher frère KAFANDO Yamba dit l'esclave de DIEU, merci pour tout.

Nous voudrions rendre un hommage infini à notre famille, patiente, confiante et généreuse. Sa tendresse a été d'un soutien constant et inestimable.

Enfin, nous sommes particulièrement heureux d'exprimer notre profonde gratitude à toutes les personnes que nous avons omises de citer et qui, d'une manière ou d'une autre, par leurs aides, conseils, critiques et suggestions, nous ont apporté leur soutien dans la réalisation de ce travail. Nous leur exprimons toute notre reconnaissance.

Merci à tous !

SOMMAIRE

LISTE DES ABREVIATIONS ET DES SIGLES

AVV : Autorité de l'Aménagement des Vallées des Volta

BDOT : Base de Données Nationales sur l'Occupation des Terres

BNDT : Base Nationale de Données Topographiques

CCNUCC : Convention Cadre des Nations Unies sur le Changement Climatique

CES/AGF : Conservation des Eaux et Sols/Agroforesterie

CEB : Centre Eco touristique de Bagré

CFD : Caisse Française de Développement

CGTA : Commission de Gestion des Terres Aménagées

CILSS : Comité Inter- Etats de Lutte contre la Sécheresse dans le Sahel

CLE : Comité Local de l'Eau

CSPS : Centre de Santé et de Promotion sociale

GPR : Groupement des Producteurs de Riz

IGB : Institut Géographique du Burkina

INERA : Institut de l'Environnement et des Recherches Agricoles

INSD : Institut National de la Statistique et de la Démographie

IPCC: Intergovernmental Panel on Climate Change

IRD: Institut de Recherche pour le Développement

GEO-CFID: Centre de Formation et d'Investigation Géographique pour le Développement

GIEC : Groupe Intergouvernemental d'Experts sur l'Évolution du Climat

GPS: Global Positioning System

FAO: Food and Agriculture Organization

FIT: Front Inter Tropical

MOB : Maîtrise d'Ouvrage de Bagré

NPK : Azote (N), Phosphore (P), Potasse (K)

OMS : Organisation Mondiale de la Santé

PAIE : Périmètre Aquacole d'Intérêt Économique

PANA : Programme d'Action National d'Adaptation à la variabilité et aux Changements Climatiques

PIB : Produit Intérieur Brut

PDR/B : Projet de Développement Rural du Boulgou

PNUE : Programme des Nations Unies pour l'Environnement

RAF : Réorganisation Agraire et Foncière

SIG : Système d'Information Géographique

SOCREGE : Société de Conseil et de Réalisation pour la Gestion de l'Environnement

SONABEL : Société Nationale Burkinabè d'Electricité

SONAGESS : Société Nationale de Gestion du Stock de Sécurité Alimentaire

SPAI : Sous-Produits Agro-Industriels

SP/CONEDD : Secrétariat permanent du Conseil national pour l'environnement et le développement durable

SWOT : Strengths and Weaknesses, Opportunities and Threats

UERD : Unité d'Enseignement et de Recherche en Démographie

UICN : Union Internationale pour la Conservation de la Nature

UGPR/B : Union des Groupements des Producteurs de Riz de Bagré

UNFCCC : United Nations Framework Convention on Climate Change

UTP : Unité Technique du Périmètre

ZCIT : Zone de Convergence Intertropicale

RESUME

L'avènement du lac Bagré et de ses aménagements hydro agricoles ont entrainé des déplacements de populations et la perte de terres agro-forestières. Cependant, les riverains ont pu s'adapter à leur nouvel environnement par le biais d'activités induites par le projet Bagré et celles liées à leur propres initiatives. Mais l'exploitation des potentialités et des opportunités du lac et de ses aménagements sont toujours influencées par les effets des aléas climatiques. Pour faire face à cette situation, les acteurs des différents secteurs d'activités ont développé des stratégies locales d'adaptations. La question est de savoir si ces stratégies permettent aux populations riveraines de faire face aux contraintes liées aux effets de la variabilité du climat et d'améliorer leurs conditions de vie. Aussi l'objet de la présente étude cherche-t-il à comprendre et analyser les principales stratégies développées par les riverains du lac Bagré, dans un contexte de perturbations climatiques (variabilité climatique et extrêmes climatiques).

L'analyse s'est appuyée sur le modèle SWOT et a permis de décrire les différentes activités menées dans le milieu d'étude, les grandes tendances de variation des paramètres climatiques et des valeurs extrêmes de précipitations et des températures. Des outils de télédétection et des SIG ont également permis de déterminer l'évolution de l'occupation des terres dans le milieu d'étude. Les données utilisées sont d'ordre climatique, socio-économique et spatial.

Les résultats de l'étude confirment que :

- la présence du plan d'eau et des aménagements hydro-agricoles a bouleversé l'environnement du milieu et entrainé la modification des formes d'utilisation des ressources.
- les populations riveraines du lac ont une bonne appréhension des éléments du climat de leur environnement, particulièrement la pluie, la température et le vent.
- C'est grâce à ces perceptions que, pour faire face aux aléas climatiques, les populations ont initié des stratégies d'adaptation efficaces comme l'utilisation des semences améliorées, la conservation et l'entretien des haies, le paillage,les cultures fourragères, l'utilisation des résidus de récolte et des SPAI, l'embouche bovine et ovine et enfin, l'établissement des zones de reproduction de poissons, etc.

Ces stratégies permettent une appropriation des opportunités et potentialités créés par les aménagements en améliorant la productivité des activités et les conditions de vie des acteurs

Mots clés : Burkina Faso – Aléas climatiques –Aménagements hydro-agricoles – Perception paysanne –stratégies d'adaptation.

SUMMARY

The construction of the Lake Bagré and its hydro-agricultural areas has led to the relocation of populations and the loss of agro-forestry lands. Despite this, neighboring populations get adapted to their new environment through activities generated by the Bagré project and those developed on their own initiatives. Yet, the use of the potential and opportunities offered by the lake and its developed areas has always been impacted by climate conditions. Local strategies have been developed by stakeholders in various sectors to address them. The issue is to know whether these strategies have allowed populations living around these areas face these effects induced by climate vulnerability and improve their living conditions. Also, this study tries to understand and analyze the main strategies developed by populations living around the Lake Bagré to address climate change (climate variability and climate extremes).

The analysis was made using the SWOT model and allowed describing various activities conducted in the study area, the major in terms of climate change and extreme values as regards rainfall and temperature. Remote sensing tools and GIS have also allowed assessing the evolution in land use in the study area. Data used cover climate, economy and space.

The results of the study confirm that:
- the building of the dam and its hydro-agricultural areas has environmentally impacted on the study area and changed various uses of resources;
- populations living around the lake better understand climate conditions that prevail in their living area, including rainfall, temperature and wind;
- consequently, with these in mind, populations have developed efficient local strategies to face climate conditions, including the use of improved seeds, the preservation and maintenance of hedges, mulching, fodders, the use of agricultural wastes and SPAI, livestock breeding (bovine and ovine) and the establishment of fish farming areas, etc.

These strategies allow populations taking ownership of the opportunities and potential offered by these areas while improving the productivity of various activities and stakeholders' living conditions.

Keywords: Burkina Faso – climate conditions – hydro-agricultural areas – adaptation strategies – farmers' perception.

INTRODUCTION

Les perturbations du climat (variabilité climatique et extrêmes climatiques) risquent de compromettre plusieurs décennies d'efforts de développement, surtout dans les pays pauvres, au regard de luers impacts sur les activités de production des populations rurales en particuliers. La capacité de réaction des communautés, face aux conséquences de la variabilité des paramètres climatiques, est limitée, au regard du degré de leur vulnérabilité. Un accompagnement des populations par les acteurs de développement s'impose. Pour leur permettre de concevoir des stratégies d'atténuation des effets pervers de la variabilité du climat sur leurs activités de production.

L'économie du Burkina Faso repose essentiellement sur le secteur agricole, les productions végétales et animales qui contribuent à hauteur de 30 % au Produit Intérieur Brut (PIB) et fournissent près de 80 % des produits exportés (INSD, 2009). La production agricole est essentiellement destinée aux besoins de consommation. Elle est constituée par l'apport d'une multitude d'exploitation (Nebié, 1996). Le secteur agricole mobilise 4 actifs sur 5 (INSD, 2009). Et pourtant, la sécurité alimentaire de la population n'est pas assurée.
L'une des causes principales de cette faible performance est la précarité des conditions climatiques typique à la zone (Ouattara, 2007). On le note à la variation de la quantité pluviométrique annuelle, au changement dans la fréquence des pluies, l'apparition des poches de sécheresse pendant les saisons pluvieuses, à la sévérité des saisons sèches, marquée par l'action du vent, de la température, etc. (Groupe d'experts PANA Burkina, 2003). Toute chose qui contribue au réchauffement climatique (Ogouwalé, 2006).

11

La température moyenne à la surface du globe a augmenté de 0,6 °C ± 0,2 °C depuis la fin du XIXe siècle. Les années 90 furent très probable les chaudes et l'année 1998 plus chaude jamais enregistrée depuis 1861 (GIEC, 2001a). Le Programme d'Action National d'Adaptation aux Changements Climatiques (PANA), prévoit dans les trois zones agro-écologiques du Burkina Faso une baisse des précipitations moyennes annuelles (de 3,4% en 2025 et de 7,3% en 2050) et une hausse des températures moyennes annuelles (de 0,8°C en 2025 et de 1,7 °C en 2050) (Ministere de l'Environnement et du Cadre de Vie, 2006).

La hausse des températures agit directement sur l'évaporation des plans d'eau. Il est connu que sur un grand aménagement hydraulique comme le barrage de Bagré, le plan d'eau baisse au moins d'une hauteur de 2 m du fait de l'évaporation. Les changements climatiques jouent donc directement sur la disponibilité de l'eau par l'évaporation, indirectement par l'ensablement du lac, plus ou moins lié à l'érosion pluviale et éolienne (Robert, 2006).

Au Burkina Faso, les phénomènes climatiques influencent les productions agricoles (Ministere de l'Environnement et du Cadre de Vie, 2006). La qualité des sols et la pression sur les terres agricoles, sont également retenues comme causes de la baisse des rendements. A cela s'ajoutent les conséquences d'une forte croissance démographique. En effet, les données de la croissance démographique révèlent que le Burkina Faso a 14 017 262 d'habitants dont 77,3 % vivant en zone rurale est dans une situation de pauvreté extrême (INSD, 2006).

D'ici 2020, 75 à 250 millions de personnes souffriront d'un stress hydrique accentué par la variabilité et les changements climatiques (GIEC, 2007). Dans certains pays, dont le Burkina Faso, le rendement de l'agriculture pluviale pourrait chuter de 50 % d'ici 2020. L'accès à la nourriture c'est à dire la sécurité alimentaire se posera avec accuité. Par ailleurs, la superficie des terres arides et semi-arides pourrait augmenter de 5 à 8 % d'ici 2080 (GIEC, 2007). Le tableau est plutôt sombre, notament pour les populations rurales. Pourront-elles faire face efficacement aux fluctuations actuelles du climat. La réponse à cette interrogation est au bout des investigations sur le thème : *« les stratégies d'adaptation des populations aux aléas climatiques autour du Lac Bagré (Burkina Faso). »*

Le résultat du travail est structuré en trois parties. La première consacrée au cadre théorique et méthodologique de la recherche comprend deux chapitres : Le chapitre I qui présente la problématique, la clarification des concepts et de la revue de littérature. Le chapitre II qui traite de la méthodologie utilisée, présente les variables de l'étude, l'échantillonnage, les techniques et outils de collecte des données et informations, le traitement des données et informations et l'analyse des résultats.

La deuxième partie présente le milieu d'étude à travers des indications sur l'environnement physique et humain en deux chapitres. Le chapitre III présente les composantes du milieu physique et humain et les mutations socio-démographiques et culturelles du milieu d'étude. Le chapitre IV fait le point des grands aménagements du projet Bagré, les activités induites par le projet et celles qualifiées de « hors projet ».

La troisième partie traite des aléas climatiques et des stratégies d'adaptation de la population locale en deux chapitres. Le chapitre V qui fait le constat scientifique de la variabilité du climat dans le milieu d'étude et aborde également la lecture empirique de la variabilité des paramètres climatiques. Le chapitre VI inventorie et analyse les stratégies locales d'adaptation aux effets des aléas climatiques pour maintenir et améliorer la capacité de production.

PREMIERE PARTIE : LE CADRE THEORIQUE DU SUJET ET DE L'ETUDE ET L'APPROCHE METHODOLOGIQUE

La première partie du travail est structurée en deux chapitres : Le premier chapitre a trait à la justification du sujet, à la présentation des objectifs et hypothèses, à la clarification des concepts qui est proposée pour harmoniser les compréhensions et à la revue de littérature sur le sujet.

Le dernier chapitre de cette partie décrit la démarche méthodologique adoptée à travers les moyens qui sont mis en œuvre pour la collecte et le traitement des données, ainsi que le modèle d'analyse qui sera appliqué pour cette recherche.

Chapitre I : La JUSTIFICATION DU SUJET, LES OBJECTIFS ET HYPOTHESES, LA DEFINITION DES CONCEPTS ET LA REVUE DE LITTERATURE

1. La justification du sujet

Pour limiter les conséquences des aléas climatiques sur la production agricole, les pouvoirs publics et les partenaires au développement du Burkina Faso ont développé diverses initiatives dont les principales sont la colonisation des terres humides, la mobilisation et la valorisation du potentiel agricole (construction de petits et grands barrages, l'aménagement des vallées des Volta, etc.). Cet engagement témoigne d'une certaine perception de la rareté de l'eau au Sahel et de la conviction du rôle de cette ressource dans le développement rural. La productivité des terres irriguées est environ trois fois supérieure à celle des terres cultivées en régime pluvial (FAGGI, 1990). L'investissement dans les ouvrages d'irrigation permet de se prémunir contre les aléas pluviométriques et de sécuriser la production agricole. Il en résulte une augmentation des revenus des producteurs agricoles et une amélioration des conditions de vie en milieu rural.

L'irrigation a pour objectif général l'intensification de la production agricole, la réduction des effets des aléas climatiques sur la production agricole, notamment celle du riz, afin de réduire la dépendance du pays vis-à-vis de l'extérieur. L'irrigation au Burkina Faso a connu ses débuts dans les années soixante, avec l'aménagement de grandes plaines agricoles dont les plus connues sont la vallée du Kou en 1965, le Sourou en 1984 et Bagré en 1992 (Zoungrana, 1998).

Mais après des décennies d'expériences, les résultats sont faibles au regard des investissements consentis, notamment dans le cas de Bagré. Les causes possibles ou probables forment une longue liste : redevances souvent élevées, sous-exploitation voire abandon des parcelles, non-respect du calendrier de production, faible maîtrise des paquets technologiques, sous équipement, coût élevé des intrants agricoles, manque d'entretien des aménagements, etc. A cela s'ajoute une divergence des perceptions de la gestion et de l'utilisation des aménagements qui conduit au développement de nouvelles alternatives par les acteurs (producteurs en aval et en amont, autorité du projet) pour bénéficier au mieux des avantages de l'aménagement au-delà des objectifs de pérennité de l'ouvrage.

Les populations développent des initiatives parallèles ou complémentaires de celles recommandées par l'autorité de gestion de l'aménagement, pour se prémunir contre ses risques climatiques et les transformations de leur environnement. Cela va jusqu'à l'occupation des berges du barrage de Bagré pour des activités pouvant conduire à son comblement. Il se dessinait alors pour le cas de Bagré, un nouveau processus d'adaptation de la part des acteurs après celui du bouleversement de leur environnement par les aménagements. Ils se sont adaptés à la modification de leur écosystème, suite à la mise en eau du barrage, par l'émergence d'activités induites par les aménagements. Maintenant ils font face aux effets des aléas climatiques (sur les activités nées du barrage et celles existantes avant le barrage) autant en aval qu'en amont des aménagements hydrauliques.

En plus, les acteurs de la zone de Bagré sont assujettis à d'autres facteurs qui sont susceptibles d'amplifier leur vulnérabilité à la variabilité et aux changements climatiques : la pauvreté, l'inégal accès aux ressources, l'insécurité alimentaire, les maladies (VIH/SIDA, paludisme), etc.

L'opportunité des grands aménagements hydro-agricoles et de leurs retombées pour les acteurs, dans un contexte où les effets des aléas climatiques sur les productions sont importants, font l'objet de débats dans la société. De nombreuses questions se posent notamment :

- les aménagements hydrauliques permettent-ils de relever le défi de la variabilité climatique ?
- quelles perceptions les acteurs ont-ils des effets des aléas climatiques sur leurs activités à Bagré ?
- en quoi les formes actuelles d'occupation des terres sur les rives du lac Bagré et les systèmes de production relèvent-ils de stratégies d'adaptation aux effets des aléas climatiques ?

Il est essentiel de comprendre les stratégies adoptées par les acteurs à travers leurs multiples réponses face aux aléas du climat, dans un environnement bouleversé, pour l'amélioration de leurs conditions de vie

2. Les objectifs et les hypothèses de la recherche

L'objectif principal de l'étude est de contribuer à une meilleure connaissance des stratégies d'adaptation des acteurs autour du lac Bagré face aux effets des aléas climatiques.

De manière spécifique, cette recherche vise à :

- évaluer les modifications de l'environnement liées à la mise en eau du barrage de Bagré ;

- déterminer les perceptions des populations par rapport aux aléas climatiques ;

- analyser les stratégies d'adaptation des populations face aux aléas climatiques pour l'amélioration de la production.

Pour atteindre ces objectifs, il a été retenu comme hypothèse générale que les systèmes de production et d'occupation des terres autour du lac de retenue de Bagré permettent aux différents acteurs de s'adapter aux aléas climatiques. Il en découle les hypothèses spécifiques suivantes :

- la mise en eau du barrage et les aménagements hydro agricoles ont modifié l'environnement de la zone de Bagré et les formes d'utilisation des ressources ;

- les populations riveraines du lac ont leurs perceptions des éléments du climat qui caractérisent leur environnement;

- en fonction de leurs perceptions, les riverains du lac développent des stratégies d'adaptation aux aléas climatiques pour leur sécurité alimentaire.

3. La clarification des concepts

Un concept est une représentation mentale, générale et abstraite d'une catégorie de phénomènes. Un même concept peut avoir plusieurs sens, d'où la nécessité de définir le concept utilisé et le sens qui lui est donné dans l'étude (Houssou-Goe, 2007). C'est pour cela que les concepts suivants ont été définis.

Environnement : Il n'existe pas une définition unique du mot environnement, mais plusieurs conceptions ou représentations en fonction des spécialistes (géologues, écologues, juristes, économistes, philosophes,...) et du milieu dans lequel ils évoluent. Les géographes le définissent par l'occupation du territoire, la gestion du territoire. De son origine anglaise, le mot « environment » signifie milieu. Selon le Dictionnaire de l'environnement cité par Sankara (2011), il désigne « *l'ensemble des conditions naturelles ou artificielles (physiques, chimiques et biologiques) et culturelles (sociologiques) dans lesquelles les organismes vivants se développent (dont l'homme, les espèces animales et végétales)* ».

Le mot a beaucoup évolué et cette évolution est liée aux problèmes d'échelle et de perceptions humaines. Cela se justifie parce que la crise de l'environnement résulte de ce que Goffin (1998) a appelé « *une sorte de collision entre l'histoire naturelle et l'histoire humaine* ». L'environnement est un concept pluriel qui peut être défini comme l'ensemble des composantes et des conditions d'habitat dans la biosphère. On peut le définir aussi comme l'ensemble des éléments naturels et culturels dans lesquels les êtres vivants se trouvent. Pour aller plus loin, il est bon de relever qu'au regard des activités humaines sur l'environnement, le sens de ce mot a beaucoup évolué au 20ième siècle pour finir par désigner de manière synthétique la relation entre l'homme et la nature. C'est ce qui justifie la naissance d'une foule de mots de concepts, de corps de métiers tels que : droit de l'environnement, économie de l'environnement, sensibilisation environnementale, défense de l'environnement, gestion de l'environnement etc. Dans le cadre de ce travail de recherche, l'environnement est perçu comme l'ensemble des conditions naturelles ou artificielles et culturelles dans les quelles évoluent l'ensemble des acteurs et leurs activités.

Changement climatique : selon le GIEC (2001a), le changement climatique se définit comme étant la variation statistiquement importante de l'état moyen du climat ou de sa variabilité qui persiste pendant longtemps (en général des décennies, voire des périodes plus longues). Il est alors une modification de la moyenne et/ou de la variabilité du climat et de ses propriétés, persistant pendant une longue période, généralement pendant des décénnies ou plus (GIEC, 2007). Donc une modification du statut des précipitations et une augmentation prononcée des températures au cours du temps, selon (Houssou-Goe, 2008)

Variabilité climatique : elle est la variation naturelle intra et interannuelle du climat (GIEC, 2001a). La variabilité climatique désigne des variations de l'état moyen du climat à toutes les échelles temporelles et spatiales au-delà des phénomènes climatiques individuels. La variabilité peut être due à des processus internes naturels au sein du système climatique (variabilité interne), ou à des variations des forçages externes anthropiques ou naturels (variabilité externe) (GIEC, 2001a).

Aléas climatiques : le climat décrit le temps moyen quotidien, y compris les fluctuations saisonnières extrêmes et les variations,

21

pour un lieu ou une région spécifique (Andrieu, 2006). Il est déterminé par l'interaction de plusieurs paramètres dont la température, les précipitations, les vents, l'humidité, etc. Il est alors l'ensemble des phénomènes météorologiques qui se produisent au-dessus d'un lieu dans leur succession habituelle (Encarta, 2009), et se distingue également selon les régions (équatoriale, tropicale, tempérée, etc).

Le terme d'« aléa » est employé pour désigner un phénomène incertain en grande partie imprévisible obéissant le plus souvent à un déterminisme inconnu ou mal connu (Eldin, 1989 cité par Andrieu, 2006). L'aléa se caractérise par une intensité, et une probabilité d'apparition en un lieu donné, et au cours d'un intervalle de temps donné (Carbonel et Margat, 1996 cité par Andrieu, 2006). Tout phénomène climatique peut par conséquent être qualifié d'aléa dans la mesure où les modèles climatiques, quoique de plus en plus fiables, ne peuvent décrire avec certitude son occurrence et généralement que sur un horizon restreint (3 à 5 jours).

Mais l'aléa désigne le plus souvent un écart par rapport à la situation normale. On parle alors d'aléa lorsqu'intervient un phénomène d'intensité supérieure ou inférieure à une normale établie sur une longue série d'années (Andrieu, 2006).

Ainsi dans le cadre de cette étude, les aléas climatiques désignent tout aussi bien les conditions climatiques défavorables ou favorables par rapport à la normale pour la mise en œuvre de l'ensemble des activités dans le milieu d'étude. Cela pouvant influencer négativement ou positivement la mise en œuvre des activités dans le milieu d'étude et amener les acteurs à la définition de systèmes de productions palliatives.

Perception : peut être définie comme l'action de saisir, de comprendre, de se représenter ou d'interpréter des phénomènes ou réalités par les sens et/ou par l'esprit (Ouattara, 1997-1998 cité par Temsembedo, 2007). La perception paysanne de la variabilité climatique s'entend donc comme la vision ou l'interprétation de ce phénomène par les populations (être définie donc comme la façon des paysans de comprendre, de représenter ou d'interpréter les variations du climat qu'ils observent.).

Selon le Larousse (2007), la perception est le fait de saisir un événement ou le déroulement d'un phénomène par le sens ou par l'esprit. Percevoir la variabilité climatique c'est la saisir par l'esprit.

Stratégies d'adaptations : par stratégies d'adaptation, l'on entend les méthodes d'utilisation des ressources existantes en vue d'obtenir des résultats avantageux dans des conditions anormales ou néfastes (Breuil, Brodhag et Husseini, 2005). Selon Ouédraogo (2001), les stratégies locales d'adaptation peuvent être considérées comme un ensemble de savoirs et savoir-faire traditionnels détenus ou développés par les communautés autochtones d'une société déterminée dans différents domaines de la vie.

En s'inspirant du GIEC (2001a), la capacité d'adaptation d'un système à la variabilité climatique est sa réponse au changement (notamment à la variabilité climatique et aux conditions climatiques extrêmes), à limiter les dégâts potentiels, à mettre à profit les opportunités ou à faire face aux conséquences. Pour Ian Burton et al. (1998), la capacité d'adaptation d'une communauté reste déterminée par le niveau de sa richesse, de sa connaissance scientifique, de son niveau d'information et de sa sensibilisation. Ainsi, l'accès à l'information et surtout aux techniques et aux compétences technologiques sont des facteurs à même de renforcer la capacité d'adaptation.

L'adaptation peut être spontanée ou planifiée ; elle peut se produire en réponse à ou en prévision d'une évolution des conditions (Breuil, Brodhag et Husseini, 2005). Autrement, l'adaptation traduit les mesures que les populations prennent en réponse aux climats actuels ou prévus ou en prévision de ceux-ci, afin de réduire les impacts négatifs ou mettre à profit les opportunités liées à la variabilité du climat (Tompkins and Adger, 2004)

En terme de stratégies, Gallais J. & al. (1977) mettent en évidence, entre autres, les stratégies défensives. Elles constituent l'ensemble des stratégies développées pour se protéger des risques. Ceux-ci sont agricoles (climatique, dégradation des terres et pâturages, etc.), alimentaires, financiers et sociaux. Ces stratégies se subdivisent en stratégies de contournement, en stratégies de limitation des effets négatifs des risques et en stratégies de lutte contre les causes des risques.

4. La revue de la littérature

Des effets des aléas climatiques, le PNUE (2002) prévoit des impacts socio-économiques et environnementaux négatifs, principalement en Afrique sub-saharienne. Les pays les moins développés de la planète, comptant une population de plus de 3 milliards devraient perdre de 10 à 20 % de leur capacité de production céréalière (FAO, cité par Ogouwalé 2006).

L'UNFCCC a mis un accent sur le changement climatique à l'échelle de la planète : « en 2004, les principales raisons de cette montée de la température sont un siècle et demi d'industrialisation avec : la combustion de quantités de plus en plus élevées de pétrole, d'essence et de charbon, la coupe des forêts ainsi que certaines méthodes agricoles » (cité par Zoungrana, 2010).

Howar (1980), Meddi et Meddi (2007), Paul et David (2006) ont retracé l'évolution du climat mondial et ont présenté les techniques dont disposent les spécialistes pour la reconstituer. La vulnérabilité de la société moderne face aux variations du climat et celle du climat à l'action de cette société ont été également abordés par l'auteur.

Afouda A., Niasse M. et Amani A. (2004) avant d'aborder la question des stratégies régionales de préparation et d'adaptation, font un tour d'horizon des caractéristiques environnementales de l'Afrique de l'ouest. Ils relatent les variations et les changements climatiques intervenus dans le passé et en cours. De même, ils évoquent les conséquences que pourrait engendrer le changement climatique actuel. De ce constat, ils concluent que la région ouest africaine est la plus vulnérable à la variabilité et au changement climatique. C'est ce qui justifie d'ailleurs la nécessité de l'élaboration de la stratégie régionale. De ce fait, ils définissent quatre objectifs stratégiques qui serviront de pilier à la mise en place de la stratégie régionale en quatre points :

> l'amélioration et le partage des bases de connaissances et d'informations scientifiques d'aide à la prise de décision ;

> la promotion des principes de la Gestion Intégrée des Ressources en Eau (GIRE) et l'approche écosystème dans la gestion des ressources en eau et des zones humides continentales et côtières ;

> l'identification, la promotion et la diffusion des technologies, techniques et mesures appropriées d'adaptation ;

> la mise en place d'un cadre de concertation au niveau régional.

Selon Grouziz (1986), il y a eu déplacement vers le sud des isohyètes 500 et 900 mm au cours des années 1970-1984, ce qui a entraîné en 1984 un déficit pluviométrique dans tout le pays. Ces déficits sont à l'origine des mauvaises performances agricoles et entraînent souvent des sécheresses avec leur corollaire de famines (1974, 1984, etc.). La variabilité climatique au Burkina Faso est aussi à l'origine de la dégradation des ressources naturelles et selon Ouedraogo (1998) cité par Kabré (2008), « le Yatenga est passé d'un climat soudano-sahélien (dominance soudanienne) à un climat sahélien ».

Le SP/CONEDD (2006) a mis l'accent sur la situation climatique actuelle du Burkina Faso. Il fait ressortir les tendances caractérisées par la baisse de la pluviométrie et la hausse des températures, la vulnérabilité dans des secteurs clés (eau, agriculture, élevage et foresterie) face aux chocs climatiques actuels et les pratiques passées et actuelles d'adaptation des populations Burkinabé à la variabilité et au changement climatiques. Pour le SP/CONEDD, le Burkina Faso fait partie des pays sahéliens les plus vulnérables aux phénomènes climatiques. Les conséquences désastreuses enregistrées ces trente dernières années à travers les inondations, les poches de sécheresse, les vagues de chaleur, etc. en sont des illustrations.

En vue de présenter un état des lieux qui lui est spécifique, le Ministere de l'Environnement et du Cadre de Vie a produit en 2006 un rapport d'evaluation de la vulnérabilité et des capacités d'adaptation a la variabilité et aux Changements Climatiques au Burkina Faso dans le cadre des programmes d'action nationaux pour l'adaptation (PANA). Il en ressort qu'au cours des deux dernières décennies, le Burkina Faso a beaucoup souffert des effets adverses du climat dont les plus importants sont les sécheresses dues a l'insuffisance pluviométrique et a sa répartition inégale, les inondations provenant des précipitations extrêmes en récurrence et en intensité, les vagues de chaleur et les nappes de poussières intenses

En plus, le Comite Inter-Etats de Lutte contre la Sécheresse au Sahel et le centre régional AGRHYMET (CILSS-AGRHYMET, 2010) stipule qu'au cours des années a venir, il faudrait s'attendre a des situations contrastées alternées de sécheresse et d'excédents pluviométriques. C'est le cas par exemple de la pluie "diluvienne" tombée sur Ouagadougou la capitale et ses environs au matin du 1er septembre 2009 avec plus de 260 mm recueillis en 12 heures. Elle a cause 150 000 sinistres, 8 morts, la destruction de ponts et 9 300 hectares de cultures inondées. Or en 2007, le pays avait déjà été affecté par des inondations qui ont cause 26 000 déplacés, des pertes de production d'environ 13 500 tonnes, la destruction de 55 barrages et 17 689 hectares de cultures inondes selon CILSS-AGRHYMET (2010). D'ailleurs, les inondations de 2007 avaient ete considérées comme les pires des dernières décennies selon l'Organisation des Nations Unies pour l'Alimentation et l'Agriculture (FAO) et l'OMM, car elles furent extrêmes partout a travers la planète

Outre les tendances climatiques actuelles qui se traduisent une hausse des températures et une fluctuation de la pluviométrie depuis les années 1970, le PANA (2007) prévoit une accentuation de la situation avec une augmentation des températures moyennes de 0,8°C à l'horizon 2025 et de 1,7°C à l'horizon 2050. Egalement, une baisse de la pluviométrie de 3,4% en 2025 et de 7,3% en 2050 est prévue. Cette baisse de la pluviométrie est importante au vue des faibles valeurs de pluie déjà enregistrées.

Donc une situation qui peut compromettre toutes les actions de développement si rien n'est entrepris par les populations et les autorités pour s'adapter.

Déjà, la péjoration climatique pousse les populations du nord du Burkina Faso à migrer vers les pays voisins notamment la Côte d'Ivoire. Ces migrations sont souvent définitives ; c'est le cas de certains Peuhl du Djelgodji partis se réfugier en Côte d'Ivoire suite aux sécheresses de 1974 (Gonin, 2002 cité par Zoungrana 2010).

Bolwig (1998), dans sa thèse, relative à la disponibilité de la main d'œuvre agricole et la dynamique des modèles d'utilisation des terres à Belgou dans un contexte de variabilité climatique, a montré: une migration saisonnière de certains hommes vers les pays voisins surtout en saison sèche et une dépendance des pratiques agropastorales vis-à-vis des paramètres climatiques. Selon lui, les superficies agricoles sont fonction de la taille des ménages; la fumure organique est permanemment déversée dans les champs, tandis que la jachère n'est pas pratiquée et le nombre de champs de brousse croît sous la pression démographique.

Julien (2006) soulignait d'ailleurs la corrélation entre la pluviométrie annuelle et la croissance économique générale des pays ouest africains en raison du poids du secteur agricole sur celle-ci. Selon lui, le développement des pays de l'Afrique subsaharienne dont fait partie le Burkina Faso est entrave par les sécheresses répétitives et la dépendance a l'aide alimentaire internationale, l'essentiel de l'agriculture etant de type pluvial. Or au Burkina Faso, la disponibilité en eau est majoritairement tributaire de la pluviométrie. Cependant, celle-ci s'avère insuffisante, aléatoire et mal repartie. De plus, 80% de l'eau tombée s'évapore et en année de pluviosité moyenne, la capacité de stockage en eau de surface passe de plus de 5 milliards de m^3 a 2,66 milliards de m^3 selon le Ministère de l'Environnement et de l'Eau (2001).

Le Partenariat National de l'Eau (2010) du Burkina Faso, a fait l'inventaire, dans les trois zones agro-écologiques du pays, des pratiques développées par les producteurs pour s'adapter de façon efficace aux impacts négatifs des aléas climatiques. Il présente en outre, les performances de chaque pratique en termes d'efficacité et de faisabilité. Le Burkina, à l'instar des autres pays sahéliens, a opté pour des mesures d'adaptation. Plusieurs départements ministériels ont été impliqués dans la prévention des conséquences et dans la quête de solutions aux problèmes engendrés par les aléas climatiques. Trois luttes ont été engagées depuis 1985 contre: les feux de brousse, la coupe abusive du bois et la divagation des animaux. Les projets et programmes soutiennent les populations dans l'élaboration de stratégies endogènes d'adaptation aux changements climatiques selon leur compréhension du milieu et du climat. BOSC (1997) en distingue deux types : les stratégies défensives et les stratégies offensives.

En termes de stratégies, le CILSS (1992) présente les stratégies fondamentales de la lutte contre la sécheresse adoptée par ses Etats membres. De même, il fait un rappel des orientations retenues et des différentes recommandations en matière de politique de population, de production céréalière et des espaces régionaux.

Grandi (1998) a fourni des informations sur les différents changements intervenus dans les systèmes de production agricole durant les deux dernières décennies en Afrique de l'Ouest. Il a fait cas des causes de la variabilité et du changement climatique et a proposé des solutions pour une meilleure gestion des ressources naturelles au Sahel.

Lompo (2003) a mené une étude dans trois terroirs sahéliens du Burkina : Oursi, Mani et Katchari. L'étude fait ressortir les stratégies et les techniques traditionnelles de récupération des terres dégradées dans un contexte de dégradation climatique de la zone Nord du Burkina. L'auteur conclut que les méthodes traditionnelles malgré leur efficacité ne sont pas durables.

Tous ces ouvrages abordent les aléas climatiques par le biais de la variabilité et du changement climatique sur de grands ensembles géographiques (continents, sous-régions ou pays). Cependant, pour ce qui est des études sur une petite entité géographique, les études antérieures n'ont fait que l'état des lieux, et n'abordent pas de façon spécifique le cas des milieux reconstitués comme les zones ayant connue des aménagements hydrauliques. La présente étude se veut alors une contribution à la connaissance des réalités en matière de stratégies locales développées par les populations pour faire face aux aléas climatiques sur des aménagements hydroagricoles. Car pour Bradley (1997) cité par Sankara (2011) «chaque système social, selon les traits qui le caractérisent rencontre des problèmes qui lui sont propres et leur trouve des solutions originales »

Chapitre II. LA METHODOLOGIE

La méthodologie adoptée dans ce travail est fondée sur la définition des variables d'étude, l'échantillonnage, les techniques de collecte et de traitement des données. Le modèle d'analyse (SWOT) a été utilisé pour permettre la manipulation des données quantitatives et qualitatives collectées suivant les hypothèses et les objectifs de l'étude.

1. Les variables de l'étude

Les variables sous tendent les hypothèses et ont guidé la collecte des données selon les pistes d'entrée thématiques qui ont été formulées.

Dans la première hypothèse spécifique, on en compte trois :

- la dynamique de l'occupation physique et fonctionnelle de l'espace liée à la mise en eau du barrage ;
- les acteurs et les principales activités;
- l'exploitation du plan d'eau et l'occupation des berges pour d'autres cultures (maraîchage, céréales, pêche, zone de pâturage etc.) ;

L'organisation des données à recueillir pour tester la seconde hypothèse spécifique est basée sur ce qui suit :

- les variations des paramètres climatiques perceptibles par les acteurs ;
- la perception locale des conséquences des aléas climatiques sur les cultures;

- l'accès à la ressource, en tenant compte de la gestion traditionnelle qui entoure les principales ressources naturelles dont l'eau et la terre.

La vérification de la dernière hypothèse spécifique s'est faite à travers des éléments permettant de mieux apprécier les retombés des activités sur les aménagements de Bagré grâce aux stratégies d'adaptation aux aléas climatiques:

- mise en œuvre des connaissances locales des acteurs face aux effets des aléas climatiques (techniques de production, associations de cultures, organisation de la commercialisation, etc.) ;
- l'implication des producteurs à la mise en œuvre de la production (choix des semences, établissemnt du calendrier cultural, contrôle des prises d'eau, entretien des équipements, etc) ;
- les stratégies locales pour pallier la faiblesse de l'accompagnement de la Maitrise d'Ouvrage de Bagré notamment sur le plan technique et surtout financier, etc.

2. L'échantillonnage spatial et démographique

Les données recherchées, pour la vérification des hypothèses n'ont de pertinence que si elles sont collectées sur des sites appropriés. Aussi, les sites de recherche ont-ils été choisis en tenant compte de la répartition des activités, en aval et en amont de la digue ; des caractéristiques socioéconomiques, de la classification des activités selon qu'elles soient une initiative du projet Bagré ou des riverains.

Le milieu d'étude s'étend de part et d'autre de la rivière Nakanbé, en amont de la digue du barrage sur près de 80 km et en aval sur un peu plus de 10 km. La culture du riz se pratique en aval de la digue dans 16 villages de producteurs dont 10 sur la rive droite et 6 sur la rive gauche. L'enquête a été menée dans trois villages de la rive droite : V1 et V3 et V9. Les villages V1 et V3, anciennement appelés respectivement Nematoulaye et Gnintako, ont été retenus sur la base de l'ancienneté du périmètre et de l'expérience des producteurs, officiellement installés en 1997 et 1998. En effet, ces villages font partie de ceux ayant recueilli les exploitants des périmètres de Bagré pilote de 1981 et des autochtones. Le village V9 (Koumaré) de la rive droite et deux villages de la rive gauche V4 (Delwendé) et V5 (Nabasneré) viennent compléter le choix des sites pour les acteurs de la riziculture. Ils sont de nouveaux périmètres ayant accueilli de nouveaux exploitants respectivement en 2002 et 2000. L'association de villages anciens et nouveaux permet d'apprécier les différences dans la perception des aléas climatiques, les formes d'adaptation et d'appropriation de l'aménagement, l'organisation et le déroulement des activités sur les périmètres. L'ancienneté et l'expérience dans l'exploitation paraissent être la base pour apprécier les effets des aléas climatiques sur des périmètres continuellement irrigués et n'ayant pas de problème de restriction d'eau.

En amont de la digue, quatre villages ont retenu notre attention : Foungou pour la pêche, Tcherbo-Doubégué pour l'élévage, Lenga pour la culture de décrue et à Niaogho pour le maraîchage.

Le site du village de Foungou a été déplacé à cause de la montée des eaux du barrage ; la population est à la recherche de nouvelles terres exploitables. Des pêcheurs professionnels migrants vivent dans un campement sur le nouveau site. La pêche mobilise une grande partie de la population autochtone en quête d'activités de repli étant donné la forte pression foncière.

Dans l'aire d'influence immédiate du barrage de Bagré, on compte deux zones d'élevage : celle de Niassa sur la rive droite et de Tcherbo-Doubégué sur la rive gauche, créées en 1988.

La zone pastorale de Techerbo-Doubégué est bornée et équipée, exclusivement affectée à l'activité pastorale. L'installation des éleveurs est contrôlée par la Maîtrise d'Ouvrage de Bagré (MOB) qui a mis en place les infrastructures appropriées : parc de vaccination, magasins, logement pour l'encadreur, forages, etc...

Lenga et Niaogho sont des observatoires pour l'exploitation de l'eau à des fins agricoles pendant la saison sèche (sans accompagnement de la MOB (Carte 1).

Suite à l'inondation partielle du terroir, les habitants de Lenga développent la culture de décrue en complément de l'agriculture pluviale.

Sur le site de Lenga, l'étude s'est intéressée aux habitants ayant perdu une partie de leurs terres et qui se sont investis dans les activités agricoles de décrue.

La culture maraîchère se pratiquait dans le village de Le village de Niaogho pratiquait l'activité maraîchère avant la mise en eau du le barrage. Elle s'est intensifiée avec la disponibilité permanente de l'eau et des terres qui n'ont pas été inondées. Il est aussi l'un des villages n'ayant pas subi de grandes pertes de terres, mais a eu un renforcement de ses activités de maraîchage grâce à la pérennité de l'eau du barrage. Avec la mise en eau de Bagré, il était primordial de connaître l'impact de cette opportunité sur l'évolution de l'activité et sur l'amélioration des conditions socioéconomiques des maraîchers du site.

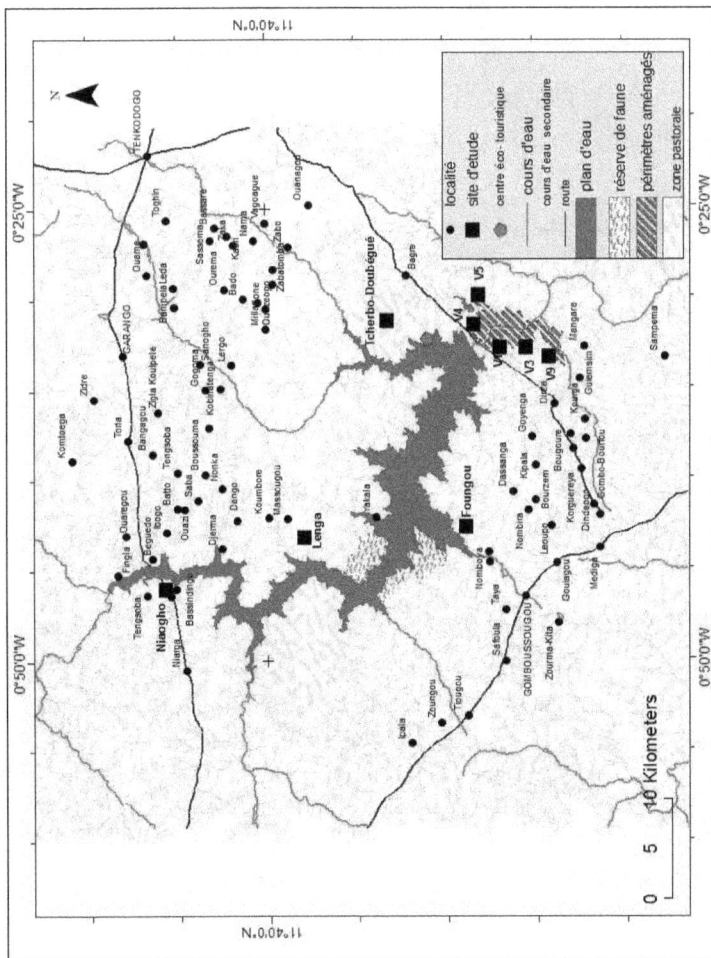

Source : BNDT, 2000 /enquête terrain

Carte 1 : La localisation des sites d'étude

35

Pour l'administration des questionnaires, il a été visé au moins 25% de la population cible sur chaque site. Ensuite un tirage aléatoire a été effectué avec l'hypothèse que ce choix conduira à une représentativité des acteurs.

La population cible en aval de la digue est principalement constituée de chefs de ménage. En 2008, la MOB a en recensé 482 dans les cinq villages sites de l'étude. 120 ménages ont été touchés par l'enquête.

Soit une proportion de 25,72% de rizicultures enquêtés sur les cinq villages échantillons.

Sur le site de Foungou, 50 pêcheurs ont été touchés par l'enquête sur un effectif de 90 acteurs estimés par le service technique de l'environnement en charge de cette pêcherie. Soit une proportion de 55,55% d'enquêtés.

A Lenga, 41 producteurs sur 78 ont été interrogés sur l'agriculture de décrue.

A Niaogho, 81 maraîchers sur 205 ont été concernés par l'enquête. Soit une proportion de 39,51% d'acteurs enquêtés.

Sur un total de 361 ménages recensés dans la zone pastorale de Tcherbo-Doubégué en 2007 par la MOB, 125 chefs de ménage d'éleveurs ont été retenus pour l'enquête. Soit une proportion de 34,62% d'éleveurs enquêtés sur le site.

Au total, sur une population de 1216 chefs de ménages, l'enquête a touché 421, soit 41,59 % comme le montre le tableau I.

Tableau I : Récapitulatif des populations cibles et échantillons appliqués

Activités	Effectif total par site	Effectif enquêtés	Proportionnalité en %
Riziculture	482	124	25,72
Elevage	361	125	34,62
Maraîchage	205	81	39,51
Pêche	90	50	55,55
Culture de décrue	78	41	52,56
Total	**1216**	**421**	**-41,59**

Source : INSD/Enquête terrain, 2009

Pour parvenir à la vérification des hypothèses ci-dessus citées, une démarche méthodologique appropriée pour la collecte et le traitement des données s'impose.

3. Les techniques et outils de collecte de données

3.1. Les techniques de collecte des données

Elle comporte cinq volets : la recherche documentaire, les entretiens, les questionnaires, les focus groups et l'observation directe.

3.1.1. La recherche documentaire

La revue de la littérature a permis de s'imprégner des notions et concepts d'analyse relatifs aux aménagements hydrauliques, de recenser les formes d'adaptation paysannes à la variabilité climatique et aux changements climatiques. Elle a visé principalement à éclairer les analyses en se basant sur les connaissances et expériences déjà existantes sur les différentes thématiques. Elle a permis également de mieux circonscrire le champ d'étude à travers les principales entrées : les thèmes des grands aménagements hydroagricoles et occupation des terres, de l'amélioration des conditions de vie, de la variabilité des paramètres climatiques et enfin les aspects relatifs aux relations entre ces différentes thématiques au vu d'autres exemples. La recherche documentaire a été l'une des principales sources de collecte des données existantes.

3.1.2. Les entretiens

Les entretiens ont été réalisés avec des institutions et personnes ressources (Maîtrise d'Ouvrage de Bagré, autorités administratives, autorités coutumières, membres des groupements de producteurs) qui coordonnent les ou interviennent dans la vie des acteurs. Ils ont permis d'acquérir des données qualitatives et quantitatives sur les aménagements : fonctionnement, productions, opportunités, faiblesses, mode d'intervention des acteurs, occupation des terres, organisation des activités, etc. Tous les acteurs intervenant autour du circuit de production rizicole (commerçants d'intrants, acheteurs, groupement de producteurs de riz et transformateurs du riz local) ont été également contactés pour élargir la masse de données à acquérir et à analyser.

Pour les activités « hors projet », les entretiens ont concerné les groupes de producteurs pour chaque activité et également les autorités coutumières sur chaque site.

Les entretiens ont surtout constitué une occasion pour avoir l'avis de ces personnes ressources sur l'apport et les insuffisances des aménagements dans l'amélioration des conditions de vie et de travail des acteurs en aval et en amont, ainsi que leurs perceptions sur la variabilité des paramètres climatiques.

3.1.3. Les enquêtes par questionnaire

Les enquêtes par questionnaires ont servi à collecter des données quantitatives et qualitatives sur les exploitants des périmètres rizicoles, les éleveurs, les producteurs de décrue, les pêcheurs et les maraîchers.

Ils ont trait aux stratégies développées pour faire face aux contraintes des aléas climatiques, aux revenus de l'exploitation et son utilisation.

3.1.4 Les focus groups

Les « focus groups » ont été organisés suivant l'âge, le sexe, et le type d'activité pour affiner les perceptions des aléas climatiques selon chaque catégorie d'acteurs.

Le souci de catégorisation des acteurs est motivé par la nécessité d'acquérir un point de vue pluriel sur leurs perceptions, les atouts et contraintes des activités rizicoles en aval et des activités agricoles, l'élevage et la pêche en amont. La contribution à l'amélioration du bien être des acteurs pouvant permettre de contenir les multiples risques liés aux aléas climatiques et de réduire la vulnérabilité des acteurs.

3.1.5.. L'observation directe

L'observation directe a constitué une phase importante des travaux de terrain. Elle a été permanente et a permis de voir et décrire les activités, de confronter les données collectées par le questionnaire, le focus group et les entretiens.

3.2. Les outils de collecte des données

Quatre types d'outils ont servi à la collecte des données:
- des fiches d'enquêtes ;
- des guides d'entretiens ;
- des guides pour focus group ;
- des guides pour l'observation directe ont été également conçues pour recenser les pratiques agricoles et surtout vérifier les réponses obtenues à travers les autres techniques de collecte.

3.3. La collecte de données météorologiques et hydrologiques auprès des services techniques

Les données sur les précipitations, les températures, l'évaporation, les vents, l'humidité relative, les volumes d'eau du barrage ont été privilégiés étant donné la spécificité du sujet.

Pour caractériser le climat du milieu d'étude, les données de la station principale de Fada N'gourma ont été retenues. Cette station est considérée par la Direction de la Météorologie Nationale comme la station synoptique de référence de toute la région de l'Est du Burkina. Elle est celle la plus proche du milieu d'étude et dispose de données assez complètes pour l'ensemble des paramètres climatiques priorisés, suivant la série temporelle retenue pour l'étude. Le poste pluviométrique de Bagré ne fonctionne que depuis

1982. Les autres stations proches, telles que Manga, Tenkodogo et Pô, ont des données incomplètes. Les mesures de la station météorologiques de Fada N'gourma qui ont été considérées sont : la vitesse du vent, les températures, l'humidité relative, ETP Penman, l'insolation et les précipitations.

Le choix de la station de Fada N'gourma et des pas de temps (annuel, mensuel, journalier) est guidé par des contraintes liées à l'acquisition des données et les objectifs de l'étude. La série de données, de 1969 à 2008, a été utilisée pour le calcul des valeurs annuelles et mensuelles des paramètres climatiques. Les données journalières ont permis de déterminer les valeurs extrêmes des précipitations et des températures.

Les données de base sur le climat ont été fournies par la Direction de la Météorologie Nationale. La fiabilité a été testée avec RclimDex, une extension du logiciel statistique R, développé par le service météorologique du Canada. Cette vérification a permis d'identifier et d'ajuster dans la mesure du possible, les valeurs climatologiques quotidiennes incorrectes qui peuvent biaiser l'évaluation des tendances calculées à partir des indices climatiques. C'est le cas des précipitations négatives, des valeurs de températures maximales inférieures à celles minimales etc. Cela s'est fait en conservant les valeurs extrêmes qui font partie des variations naturelles climatiques et en considérant que l'homogénéité des données climatologiques est définie si la variabilité des valeurs des paramètres est basée seulement sur la variation du climat (Aguilar, 2003).

Les données sur les volumes d'eau du barrage ont été fournies par la SONABEL Bagré. Vu que la mise en eau du barrage n'est intervenue qu'en 1992, la série des données n'a eu qu'une longueur allant de 1993 à 2008. Il s'agit des volumes d'eau entrant dans le lac, utilisés pour l'irrigation et la production d'hydro électricité, perdus par évaporation et par évacuation. Ces données sont à un pas de temps mensuel et annuel.

Ces différentes données ont permis de suivre l'évolution de certains paramètres climatiques. Et elles ont été également mises en rapport avec l'évolution des données hydrologiques du plan d'eau.

3.4. L'acquisition de documents cartographiques analogiques et d'images satellitaires utilisés

Les principales sources des cartes sont l'IGB, L'IRD et GEO-CFID. Les cartes ont permis l'obtention des informations spatiales sur la zone d'étude. Elles sont disponibles en format analogique et numérique. Il s'agit des documents de référence suivants:

- la base de données nationale d'occupation des terres (BDOT) créée en 2002 par l'IGN France sur financement du PNGT;
- la base nationale de données topographiques (BNDT), mise en place par l'IGB en 2000 ;
- la carte topographique à l'échelle 1/200 000 mise en place en 1960 par l'IGN France et rééditée par l'IGB en 1985.

Les images satellitaires utilisées sont essentiellement des scènes Landsat TM et des scènes Landsat ETM + dont la résolution spatiale de 30 x 30 m Les scènes utilisées couvrent toute la zone d'intervention du projet Bagré et sont comprise entre 0°20' et 0°60' ouest et entre 11°15' et 11°55' nord.

Les images choisies ont été prises entre octobre et avril, période où les berges du lac sont occupées par les cultures de contre saison.

Par ailleurs, les dates d'acquisition des images correspondent à des étapes dans l'évolution du projet Bagré et du climat. Les images de 1989 et de 2006 présentent les périmètres au début et une vingtaine d'années après les aménagements.

Le tableau II fait le point des variables et indicateurs identifiés pour la collecte des données en vue de la verification des hypothèses de recherche emises

Tableau II : Les variables et les indicateurs de vérification des hypothèses

Hypothèses	Variables	Indicateurs	Techniques de collecte
La mise en eau du barrage et les aménagements hydro agricoles ont modifié l'environnement de la zone de Bagré et les formes d'utilisation des ressources	Dynamique d'occupation physique de l'espace	• Evolution des unités d'occupation de l'espace de 1986 et de 2006	o Traitement de télédétection et SIG
	Dynamique fonctionnelle d'occupation de l'espace	• Répartition des activités autour du lac • Les acteurs en présence	o Entretiens ; o enquêtes terrains ; o Focus group o Observations terrain
Les populations riveraines du lac ont leurs perceptions des éléments du climat qui caractérisent leur environnement	La perception empirique des paramètres climatiques	• Les fluctuations de l'eau du lac ; • Les indicateurs locaux de la variation des paramètres de la pluviométrie, de la chaleur et du vent	o Traitement de données météorologiques o Entretiens ; o Enquêtes terrains ; o Focus group
	la perception locale des conséquences des aléas climatiques sur les cultures	• Les conséquences de la variation du climat sur les activités	o Entretiens ; o Enquêtes terrains ; o Focus group
En fonction de leurs perceptions, les riverains du lac développent des stratégies d'adaptation aux aléas climatiques pour leur sécurité alimentaire	Accès à la ressource	• Les modalités d'accès aux ressources naturelles	o Entretiens ; o Enquêtes terrains ; o Focus group
	Les nouvelles techniques locales de production Variation de la production Principaux postes de dépenses	• Les systèmes de production • Quantité de production • Les revenus tirés • La ventilation des revenus suivant les postes de dépenses	o Entretiens ; o Enquêtes terrains ; o Focus group o Observations terrain

44

4. Le traitement des données

4.1. Le traitement des données de terrain

Le dépouillement des fiches d'enquête a été fait à l'aide du logiciel SPHINX. Le tableur Excel a été utilisé pour l'analyse statistique des données obtenues grâce au logiciel SPHINX et pour la réalisation de certains graphiques. Le transfert des données GPS s'est réalisé sur le logiciel DNR-Garmin. Le logiciel Envi 4.2 (logiciel de télédétection) a servi à traiter les images LANDSAT. L'analyse des données spatiales et la cartographie ont été réalisées sur ARCGIS et Arcview, deux logiciels de SIG.

Cependant, l'extension RclimDex du logiciel R a été principalement utilisée pour le traitement des données journalières des paramètres climatiques.

Les images satellites Landsat retenues pour l'analyse diachronique (1989-2006) ont été traitées pour générer des cartes thématiques suivant une démarche cartographique.

4.2. Le traitement des données météorologiques

Pour mettre en évidence les tendances d'évolution des données climatologiques, on s'est servi des moyennes mobiles et des régressions linéaires.

Les moyennes mobiles, pour les longues séries, permettent une représentation graphique des phénomènes qui la composent (cycle irrégulier, plusieurs tendances successives). La technique des moyennes mobiles consiste à lisser les irrégularités en associant aux valeurs yti d'une chronique de nouvelles valeurs zti qui sont les moyennes arithmétiques de la valeur originale yti et des valeurs

45

qui l'encadrent. Les moyennes mobiles sont calculées sur trois ans (1 valeur de part et d'autre de *yti*) ou cinq ans (2 valeurs de part et d'autre de *yti*) (Vissin, 2007).

La régression linéaire simple montre l'évolution sur le long terme et permet de détecter les tendances dans les séries hydro-pluviométriques.

Pour déterminer les années excédentaires ou déficitaires de la série pluviométrique par rapport à la moyenne de la série de référence, des écarts à la moyenne ont été calculés selon la formule utilisée dans les travaux de Zepkete (2009) :

[(Qa –Mp)/Mp]*100.

Les seuils pour déclarer une année déficitaire ou excédentaire s'obtiennent par la formule : **(Ep/Mp)*100.**

Avec : **Qa**= total de pluie de l'année ;

Mp : moyenne des quantités de pluie de la série (1969 - 2008) ;

Ep : écart type des quantités de pluie de la série (1969 - 2008).

Le calcul de l'écart et de l'écart type permet d'évaluer la dispersion des valeurs autour de la moyenne « normale ».

Le traitement des données météorologiques a permis de déceler les valeurs extrêmes de la pluviométrie et de la température.

Les événements agro météorologiques (date de début de saison pluvieuse, longueur de la saison) ont également été déterminés. Cela en postulant que pour les pays du Sahel, « la saison de pluie démarre lorsqu'on enregistre un cumul minimal de 20 mm de pluie en deux jours successifs au maximum et avec la condition qu'il n'y ait pas une séquence sèche d'au moins 9 jours par la suite » (Gommes et al, 1983 cité par Yaro, 2008). La probabilité de séquences sèches, durant les premiers mois de la saison pluvieuse, a été estimée en considérant qu'une journée est pluvieuse quand elle enregistre au moins 1mm d'eau de pluie (Yaro, 2008).

4. 3. Le traitement des images satellitaires et la cartographie

Deux images satellites de type Landsat TM (Thematic Mapper) et Landsat ETM+ (Enhanced Thematic Mapper plus), dont la diversité des canaux fournit une multitude d'informations à manipuler (8 bandes spectrales), ont été utilisées pour réaliser les cartes d'occupation des terres de 1989 et 2006. Ces images appartiennent à la scène 194/052 et datent respectivement du 11 novembre 1989 et du 05 février 2006. Elles ont été choisies en prenant en compte la qualité et la date d'enregistrement. Par ailleurs, le choix des images Landsat, au lieu d'un autre type d'image, se justifie par la multitude des bandes spectrales exploitables entre le visible et l'infrarouge du spectre électromagnétique et aussi pour des raisons de disponibilités.

Cela permet de procéder à diverses compositions colorées allant de la composée vraies couleurs aux composées fausses couleurs.

Le traitement des images a été effectué à l'aide du logiciel de télédétection Envi4.2 et des logiciels de SIG ArcGis 9.3 et Arcview 3.2. Une mission de description et de choix des zones d'entrainement sur le terrain a nécessité l'utilisation de l'image de 2006 en composition fausses couleurs 5/4/3. Egalement un appareil photographique et un GPS (Global Positioning System) ont été utilisés.

4.3.1. La démarche de la classification des images satellites

La classification s'est déroulée en deux étapes : une sortie de reconnaissance et d'observation directe sur le terrain et un traitement des images en laboratoire. La sortie sur le terrain a permis d'observer, de décrire les zones d'entrainement avec le concours des acteurs pour déceler les reliques des unités d'occupation des terres et faire le positionnement au GPS.

Cinq unités d'occupation des terres ont été identifiées sur l'image de 2006 : le plan d'eau, les zones de cultures pluviales, la savane arborée, la savane arbustive et les périmètres aménagés. Sur celle de 1989, on en a trois : les zones de cultures pluviales, la savane arborée et la savane arbustive.

Les unités d'occupation ont été choisies en fonction de la résolution des images Landsat. L'explication donnée aux acteurs est qu'étant donné la taille du pixel, 30 mètres sur 30; il n'est pas possible de visualiser les petites superficies comme les zones de culture de décrue et de maraîchage de moins 0,25 hectares le long du fleuve ou autour du plan d'eau.

Les zones d'entrainement ont été repérées sur l'image Landsat de 2006 en composition colorée 5/4/3 (Moyen Infra Rouge/Proche Infra Rouge/ Rouge) par leurs coordonnées géographiques relevées au GPS. Cette composition permet de bien discriminer les unités d'occupation des terres, principaux éléments de base de la classification dans la zone. En effet, la bande 4 des images Landsat correspondant au Proche Infra Rouge permet une meilleure discrimination de la végétation. L'état turbide (bouée) des eaux de Bagré les rend sensibles à la bande 3 des images Landsat qui correspond au rouge dans le spectre électromagnétique. La bande 5 (Moyen Infra Rouge) combinée avec les autres bandes, permet de mettre en évidence les zones de cultures.

Le vert de la végétation, le bleu du plan d'eau et le mauve des zones de culture facilite la lecture des images par la population (figure 1).

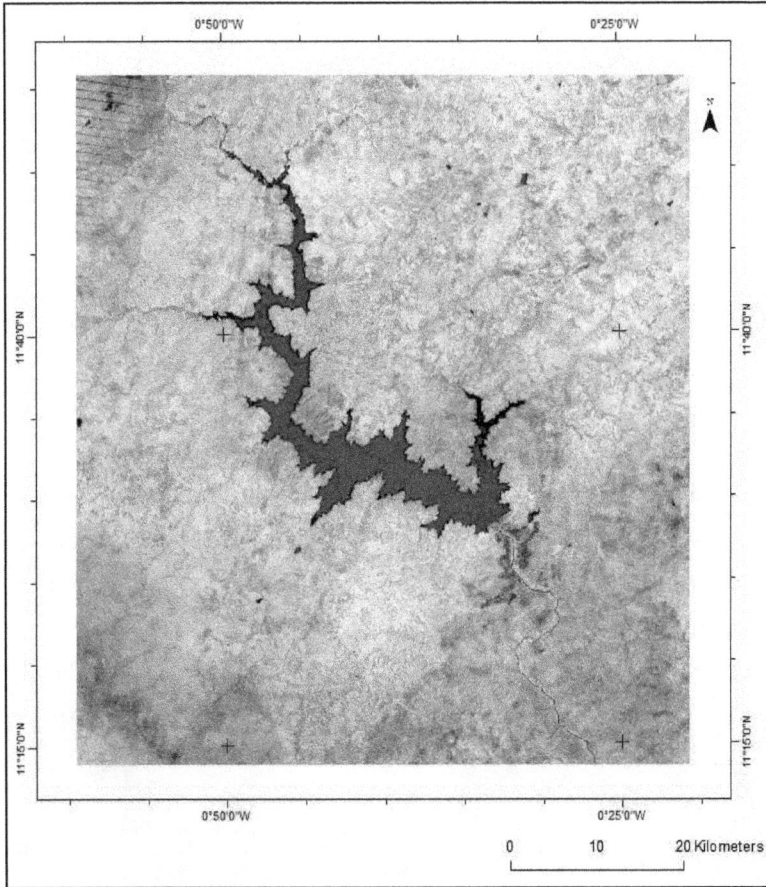

Source : Image composée fausse couleur RGB 543, Landsat ETM +2006 Scène 194/52

Figure 1: Image satelitale de 2006 en composition colorée 5/4/3

Au laboratoire, les différents points relevés au GPS ont été projetés sur les images, géométriquement rectifiées et géo-référencées, dans le système de projection WGS 84 UTM zone 30 Nord. Et la composition colorée 5/4/3 a été retenue pour la classification. Elle offre un fort contraste entre les unités d'occupation des terres et permet de reconnaitre aisément les champs, l'eau et la végétation sur les images. Pour améliorer la clarté ou l'apparence visuelle en vue de l'analyse des images, un rehaussement a été appliqué à la composition colorée. Il ne consiste pas en une extraction d'informations contenues dans l'image, mais peut servir de prélude à l'extraction en tant que moyen de mise en évidence des informations à extraire après analyse ou traitement des images. Le type de rehaussement utilisé pour la composition 5/4/3 de 1989 et 2006, est « Linear 2% », disponible sous l'application ENVI 4.2.

La méthode de classification dirigée à l'aide de l'algorithme du maximum de vraisemblance a été utilisée pour classer les images suivant les zones d'entrainement identifiées par observation directe sur le terrain. Ces zones d'entrainement levées au GPS ont été affichées sur les images comme base de la classification supervisée réalisée. Les images validées ont subi un lissage pour les rendre plus nettes afin de faciliter le regroupement des grandes d'unités d'occupation des terres, avant la vectorisation.

La vectorisation consiste à créer des fichiers vecteurs pour les croiser avec d'autres données vecteurs de la zone d'étude dans un logiciel SIG.

Tout le processus de la classification supervisée utilisée est consigné dans le tableau III.

Tableau III : Processus de classification dirigée ou supervisée

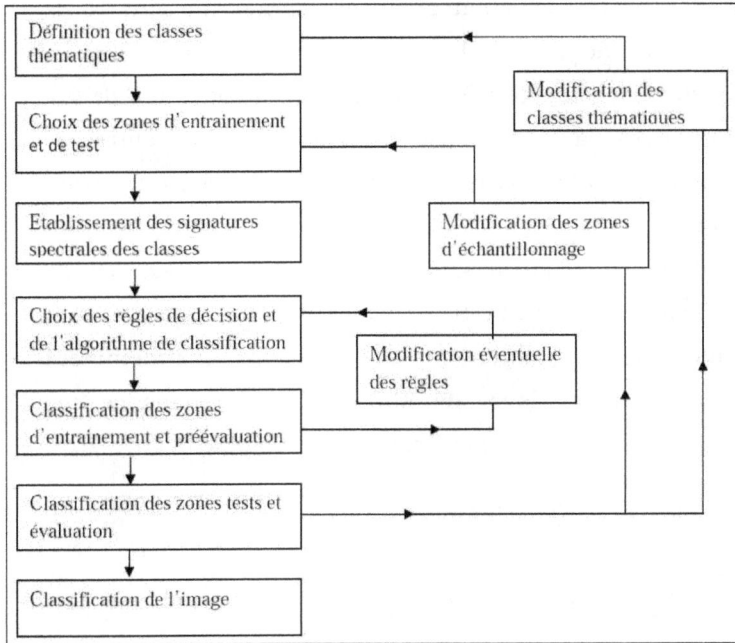

Définition des classes thématiques

Choix des zones d'entrainement et de test

Etablissement des signatures spectrales des classes

Choix des règles de décision et de l'algorithme de classification

Classification des zones d'entrainement et préévaluation

Classification des zones tests et évaluation

Classification de l'image

Modification des classes thématiques

Modification des zones d'échantillonnage

Modification éventuelle des règles

Source : Caloz R. et Collet C., 2001

4. 3.2. L'évaluation et la précision de la classification

L'évaluation de la classification dirigée par maximum de vraisemblance des images de 1989 et de 2006 s'est faite par le biais de la matrice de confusion et du coefficient de Kappa. Le rapport de la somme des pixels bien classés sur le total des pixels utilisés dans la classification donne le pourcentage de classification globale. Il est de l'ordre de 97 % pour les images de 1989 et 96 % pour celles de 2006. La matrice de confusion révèle les erreurs d'omission commises au niveau de chaque unité d'occupation des terres lors de l'interprétation, et les autres erreurs dues aux confusions entre unités d'occupation des terres. Mais elles sont faibles dans les deux cas.

La précision de la classification s'est faite à l'aide de l'indice de Kappa (K) qui est une mesure de précision proposée par Cohen en 1960. Cet indice, sensible aux erreurs de commission, varie de 0 à 1. Il évalue, dans la matrice de confusion, l'accord entre les résultats obtenus, suite à la classification, et la vérité du terrain (Chalifoux et al, 2006).

L'indice de Kappa, pour la classification de la zone de Bagré est de 0,94 pour l'image de 2006, 0,95 pour celle de 1989. Ses résultats sont atteints du fait de nombre des unités occupations identifiées (pas plus de 5). Les valeurs de Kappa obtenues dans ce cas correspondent à un niveau de classification acceptable (Figure 2).

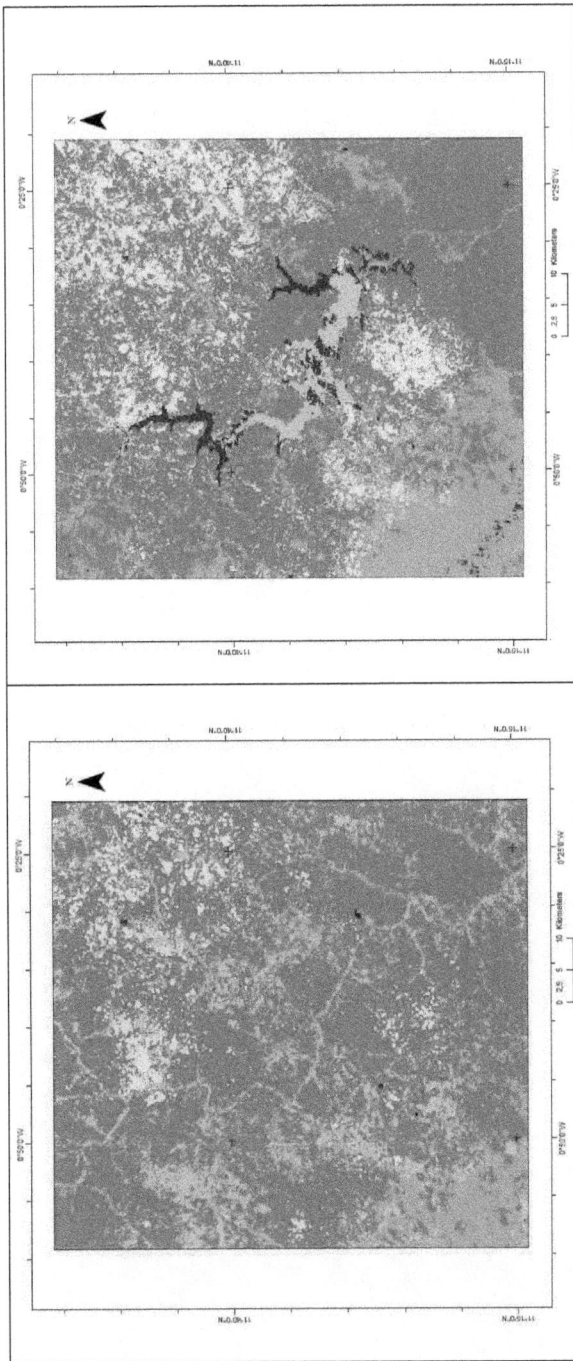

Source : Image optique classifiée, Landsat 1989
Scène 194/052. Mission de vérification terrain

Source : Image optique classifiée, Landsat 2006
Scène 194/052. Mission de vérification terrain

Figure 2: Images satellitales de 1989 et 2006 classées suivant la méthode de maximum de vraisemblance

Les images, classées et lissées, ont servi pour l'analyse et la cartographie, par le biais de la vectorisation des unités d'occupation des terres en utilisant les logiciels ARCGIS 9.3 et ARCVIEW 3.2.

La vectorisation a permis par ailleurs une harmonisation des unités d'occupation des terres définies avec la participation des acteurs (Cartes 2 et 3)

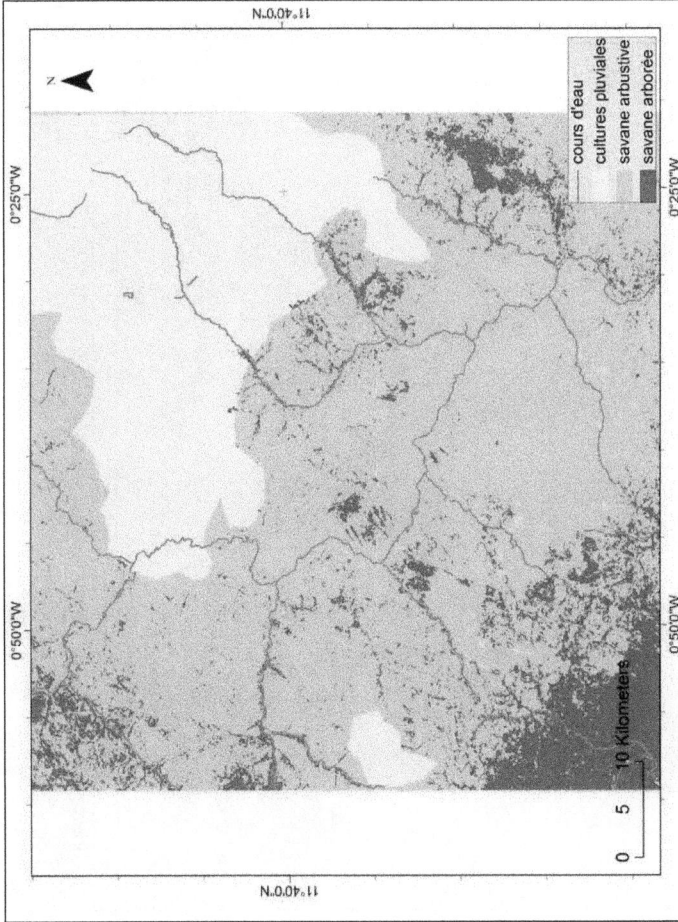

Source : Image Landsat TM de 1989, scène 194/052, BNDT

Carte 2: Occupation des terres en 1989

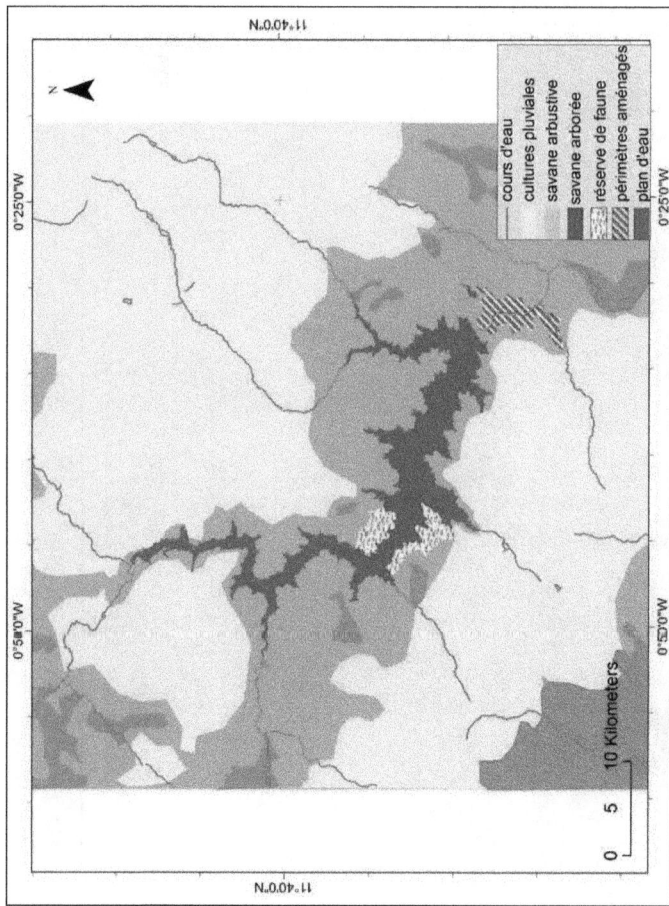

Légende:
- cours d'eau
- cultures pluviales
- savane arbustive
- savane arborée
- réserve de faune
- périmètres aménagés
- plan d'eau

0 5 10 Kilometers

Source : Image Landsat ETM+ de 2006, scène 194/052, BNDT

Carte 3: Occupation des terres en 2006

56

Le traitement numérique des images a été fait à l'aide du logiciel de Télédétection ENVI 4.2. Les images sont utilisées pour extraire l'information spatiale sur l'occupation des terres et du couvert végétal suivant leur évolution, dans le contexte des variations climatiques. Pour cela, le traitement a respecté une démarche comprenant les étapes classiques suivantes :

- la réalisation d'une composition colorée en utilisant les bandes proches et infrarouges, présentant une plus grande sensibilité à l'eau et à la végétation;
- l'extraction de la zone d'étude;
- le choix des sites d'entraînement et la description de leurs caractéristiques;
- la classification dirigée sur la base de la nomenclature nationale;
- la vectorisation et le transfert dans un logiciel SIG (Arc View 3.2 et Arc GIS 9.3) pour la cartographie.

4. 3.3. La cartographie et l'analyse diachronique

La cartographie a permis de représenter l'évolution de l'occupation des terres par le biais de la matrice de transition. Cette matrice est un tableau à double entrée qui permet de décrire, de manière condensée, les changements d'état des unités d'occupation des terres, intervenus entre deux dates données (Schlaepfer. 2002 cité par Oloukoi et al. 2006). Le nombre de lignes de la matrice correspond au nombre d'unités d'occupation des terres au temps t_0. Le nombre de colonnes de la matrice représente le nombre d'unités d'occupation des terres et du couvert à un temps t_1. La case a(i, j) de la matrice représente la superficie d'une unité i d'occupation des terres au temps t_0, convertie en une unité j au temps t_1. On remarque que les changements se font de la ligne i vers la colonne j. La somme $Eit_0 = \Sigma\ a(i, j)$ de la ligne i, correspond à la superficie totale de l'unité i d'occupation des terres au temps t_0. La somme $Ejt_1 = \Sigma\ a(i, j)$ de la colonne j représente la superficie totale de l'unité j d'occupation des terres au temps t_1. La somme $\Sigma\Sigma$ $a(i, j)$ correspond à la superficie totale du milieu d'étude. Le tableau IV donne un exemple de matrice de transition entre les dates t0 et t1.

Tableau IV : Exemple de matrice de transition entre les dates t0 et t1

		Unités d'occupation des terres j au temps t1			
		Unité 1 (j=1)	Unité 2 (j=2)	Unité 3 (j=3)	Sommes Eit0 des lignes
Unités d'occupation des terres i au temps t0	Unité 1(i=1)	a(1,1)	a(1,2)	a(1,3)	E1t0 = Σ a(1,j)
	Unité 2 (i=2)	a(2,1)	a(2,2)	a(2,3)	E2t0 = Σ a(2,j)
	Unité 3 (i=3)	a(3,1)	a(3,2)	a(3,3)	E3t0 = Σ a(3,j)
	Sommes Ejt1 des colonnes	E1t1 = Σ a(i,1)	E2t1= Σ a(i,2)	E3t1= Σ a(i,3)	$\Sigma\Sigma$ a(i,j)

L'analyse spatiale qui accompagne la cartographie permet de mieux représenter l'évolution des activités de l'aménagement et de leurs impacts sur l'amélioration des conditions de vie des utilisateurs de l'ouvrage hydraulique. La cartographie met en évidence la recomposition territoriale ou le processus d'occupation de terres sous l'effet de la dynamique de la démographie et des activités. L'analyse diachronique a fait ressortir la genèse et les transformations des terroirs créées par les aménagements de Bagré. Le Système d'Information Géographique (SIG) a consisté à superposer les informations spatiales et temporelles.

L'analyse spatiale par les SIG présente le contexte du milieu physique, les formes d'utilisation de ce milieu (la spatialisation des potentialités et contraintes, formes d'adaptation mises des populations). Les données ont été tirées de l'interprétation des scènes satellitales (ampleur des modifications de l'écosystème, traduction spatiale de la réaction des populations riveraines). L'intégration des données spatiales a permis une analyse systémique des composantes du périmètre rizicole et de la zone en amont, les forces et opportunités liées à l'exploitation, les contraintes de la gestion de l'eau. Cela a été fait dans l'optique de comprendre au mieux les retombées des grands aménagements pour les populations de la zone d'étude et proposer des perspectives de gestion participative et concertée de la ressource hydroagricole.

5. Le modèle SWOT (Strengths and Weaknesses, Opportunities and Threats):

Le modèle conceptuel SWOT ou FFOM en français (Forces-Faiblesses-Opportunité-Menaces), a servi à faire le diagnostic du milieu. Il permet d'analyser les forces des aménagements de Bagré, les opportunités offertes, les variations des paramètres du climat. Il prend en compte les menaces et les faiblesses ou contraintes du milieu. Il intègre aussi bien les facteurs internes qu'externes qui interagissent les uns avec les autres. Ceci pour permettre une analyse intégrée des forces agissantes et des menaces internes ou externes du milieu d'étude. De même, le modèle permet d'avoir le point de vue des producteurs sur les fonctions de l'aménagement en analysant leurs stratégies d'appropriation des objectifs du projet Bagré et celles d'adaptation aux aléas climatiques et aux contraintes de l'aménagement hydroagricole.

Conclusion partielle

Après la présentation de la problématique, des hypothèses et des objectifs de recherche ont été formulés. La clarification des concepts et le point des connaissances relatives au domaine de l'étude ont été présentés. Ensuite, les techniques pour la collecte des données et l'analyse de celles-ci ont permis d'harmoniser l'approche méthodologique adoptée pour ce travail.

Il convient de retenir, au terme de ce chapitre, que de nombreuses études ont été réalisées sur certains axes de la thématique de cette thèse que sont les aléas climatiques et leurs conséquences, les stratégies d'adaptation locales face à l'impact des phénomènes climatiques. Les résultats de ces recherches sont appréciables. Mais dans la présente étude, nous avons tenté d'utiliser des méthodes d'investigation mieux adaptées aux complexités et à la spécificité du milieu d'étude, en vue de faire ressortir les stratégies d'adaptation développées par les populations locales dans un environnement bouleversé par des aménagements hydro-agricoles (spécifiquement celui de Bagré), et confrontés aux effets de la variabilité climatique et aux extrêmes. Cette approche est liée à une meilleure connaissance du milieu d'étude.

DEUXIEME PARTIE : LE CONSTAT DE LA METAMORPHOSE DU MILIEU D'ETUDE

Cette deuxième partie est composée de deux chapitres. Le milieu physique et humain ainsi que la dynamique d'occupation des terres avec l'avènement de la retenue d'eau dans le milieu d'étude sont présentés dans le premier chapitre. Le deuxième chapitre est consacré à l'analyse des transformations du milieu à travers les aménagements structurants dans le milieu et à la présentation des principales activités : celles induites par le projet et celles issues des initiatives propres des riverains qui réorganisent ainsi l'espace en amont du barrage.

Chapitre III. LE MILIEU PHYSIQUE ET HUMAIN DE LA ZONE

L'autorité des Vallées des Volta (AVV) avait décelé des potentialités d'un projet de développement hydroagricole et hydro-électrique à Bagré depuis 1972 (Nebié, 2005). Des études entreprises entre 1972 et 1978 ont démontré la faisabilité technique, économique et financière de l'aménagement. Par ailleurs la lutte contre l'onchocercose conduite par l'Organisation Mondiale de la Santé (OMS) et d'autres partenaires extérieurs a été couronnée de succès. Les vallées du Nakanbé et de ses affluents ont été assainies. Le démarrage des travaux de réalisation de l'ouvrage a eu lieu en 1989 (MOB, 1996). Un pôle de développement, ayant pour centre le barrage Bagré, a été créé sur une superficie de 255 km^2 (Kohoun, 2001). La maîtrise de l'eau justifie l'implantation de l'ouvrage hydraulique à usages multiples destiné à la production hydroélectrique, hydro-agricole et piscicole (Nebié, 2005).

L'aire d'influence du lac couvre les provinces du Boulgou et du Zoundwéogo, révélant respectivement des régions du Centre Est et du Centre Sud (Carte 4). La digue a été construite sur la rivière Nakanbé à environ 150 km à vol d'oiseau de Ouagadougou. C'est le second cours d'eau du Burkina de par son importance. Il prend sa source à 300 m d'altitude dans le Yatenga et coule sur près de 516 km en territoire burkinabé, avant de franchir la frontière avec le Ghana pour se jeter dans le lac d'Akosombo (Yanogo, 2003). Ainsi le bassin versant du Nakanbé (environ 34 000 km^2) se prolonge au Ghana.

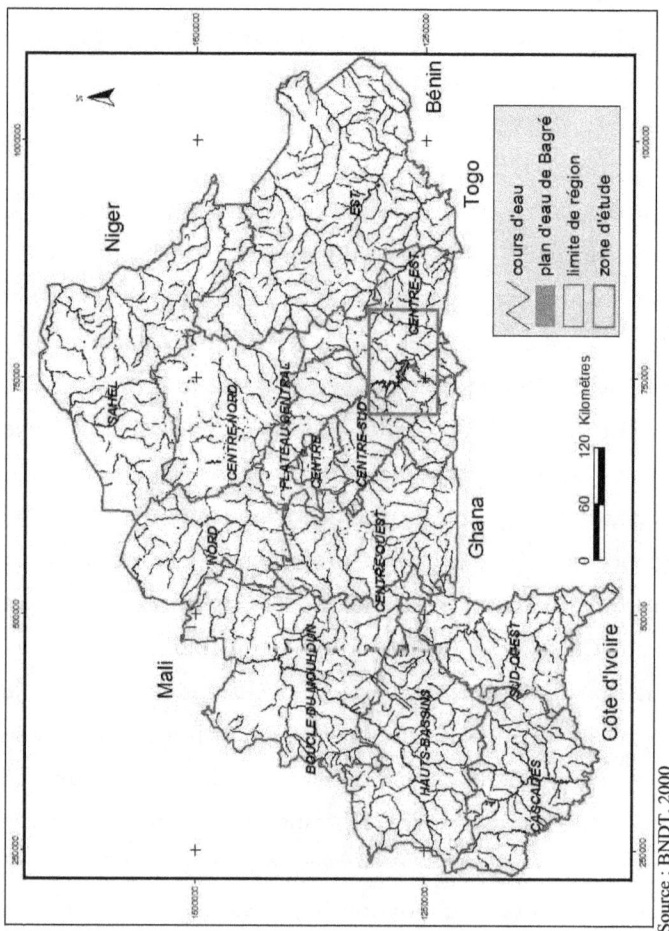

Carte 4 : Localisation de la zone du Projet Bagré

64

1. Les composantes du milieu physique

Selon George (1978), l'environnement est le "milieu naturel mais aussi le milieu concret construit par l'homme". Il serait donc la mise en place de deux milieux, humain et physique. La mise en œuvre des infrastructures publiques par exemple suppose de la part des décideurs une profonde connaissance de l'environnement physique, de ses potentialités et de ses contraintes. Dans le cas de Bagré, le relief, la géologie et la géomorphologie, les sols et la végétation, ont retenu notre attention.

1.1. Le relief de la zone de Bagré

Le milieu physique de la région étudiée repose sur un relief de faible altitude (239 mètres au maximum au niveau du village de Niaogo). Ce relief présente à la fois une morphologie plane sous forme de glacis parce qu'il repose sur un vieux socle granitique ayant subi un long processus d'arasement (Les Atlas J.A., 1998). Actuellement, le glacis a subi de larges incisions faites par le Nakanbé et ses affluents, dont les plus importants sont le Dougla-Moundi, le Koulipélé, le Lempa et le Tcherbo (Yanogo, 2003).

Des reliefs résiduels rocheux, mis en évidence par l'érosion, marquent aussi leur présence. Le plus important massif, constitué de migmatites, se situe au Sud de Lenga et culmine à 386 m (SOCREGE, 1998). Il se prolonge en rive droite du Nakanbé par un axe de collines érodées d'orientation nord-est/sud-ouest (Gomboussougou, Zourmakita). En outre, on note la présence d'affleurements rocheux peu élevés qui correspondent à des affleurements de migmatites, amphibolites ou granites, à des filons de quartz ou, plus rarement à d'anciennes surfaces cuirassées.

1.2. La géologie et la géomorphologie de Bagré

La géologie de la zone de Bagré est marquée par deux formations principales : antébirrimienne et birrimienne (BUNASOLS, 1989). Les roches métamorphiques (migmatites leptiniques, migmatites à amphiboles et à biotite) et les granites porphyroïdes à biotite et à amphiboles se sont constituées durant l'Antébirrimien.

Les quartzites, schistes, métagabbros et métavolcanites, se sont constitués durant le Birrinien. A ces formations principales, il convient d'ajouter celles du Quaternaire.

Au niveau de la géomorphologie, l'allure générale est marquée par des interfluves des milieux granitiques de forme convexe. Quelques collines et buttes sont disséminées dans la zone, rompant la monotonie du relief par endroits (Carte 5).

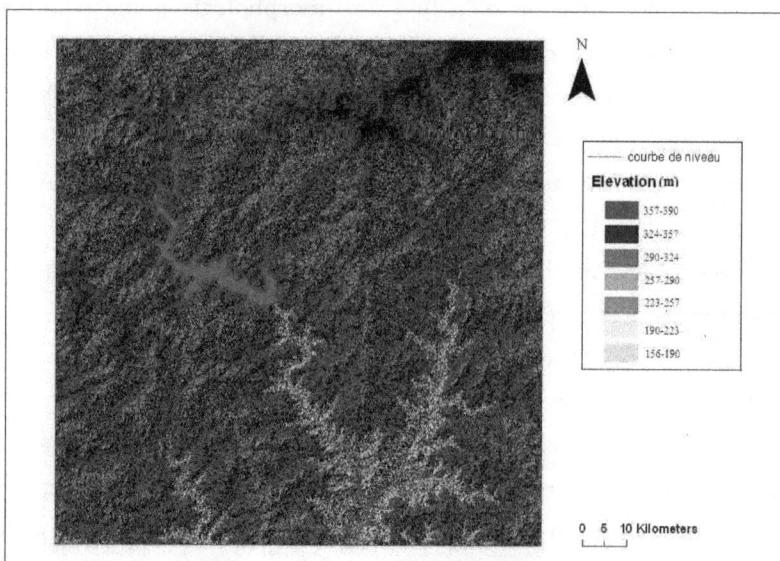

Source : Images Landsat ETM+ de 2006 scène 194/052

Carte 5 : Les altitudes dans la zone de Bagré

66

A côté de ces reliefs proéminents existent les vallons de Niarba, de Sondogo, de Saba, de Dango, etc. L'altitude la plus basse de la région est autour de 200 m. Ces interfluves et vallées relativement profondes dénotent de l'importance du réseau hydrographique de la région.

Les potentialités géologiques et géomorphologiques facilitent l'alimentation et surtout le stockage des eaux du barrage de Bagré.

I.3. Les sols et la végétation de la zone de Bagré

En pédologie, le sol est la partie superficielle de l'écorce terrestre. Il se forme aux dépens de la roche mère qui s'altère sous l'effet de facteurs climatiques et biologiques. Selon les paysans, un sol se définit par sa composition, sa localisation, ses aptitudes agronomiques et sa couleur. Le BUNASOLS (1989 distingue quatre types de sol avec l'aval des paysans.

> Les sols «kounda» (sols bruns eutrophes), quelque peu argileux, brunâtres et relativement enrichis de limon. Ils se prêtent bien à la culture de sorgho, de riz et de maïs. En saison morte, les paysans y pratiquent la culture maraîchère s'il y a encore de l'eau. Ce sont les plus riches de la zone et les plus convoités par les paysans.

> Les sols « boura ou gnintaa » (sols ferrugineux tropicaux) qui se caractérisent par une couleur rougeâtre, une texture sableuse en surface et progressivement argileuse en profondeur, avec plus ou moins de gravillons ferrugineux. Ils sont peu fertiles mais relativement faciles à travailler. Localisés dans les interfluves, ils sont surtout utilisés pour la culture de petit mil et de niébé.

➤ les sols « banwon » (vertisols et sols vertiques). Comme le nom l'indique, ce sont des sols argileux, relativement pauvres en limon, de couleur noire clair à grisâtre, localisés dans les zones d'inondation. Sol lourd plus ou moins collant, il convient au riz et au sorgho.

➤ Les sols « djaa ou kingan » (lithosols ou sols minéraux bruts) sont de texture gravillonnaire à sableuse. Ils se rencontrent sur les glacis, les versants à faible pente. Selon paysans, ils sont très pauvres et peu profonds.

A ces sols, il convient d'ajouter les sols hydromorphes également appelés « banwon » du fait de la présence de l'argile. Mais ce « banwon » est localisé dans les zones d'inondation temporaire, dans les bas-fonds. Ils sont issus des dépôts des suspensions le long des axes de drainage de la rivière et du flux des crues et décrues des eaux du plan d'eau de Bagré. Ils ont une texture argilo-sableuse avec une présence relativement importante de limons. Ce sont des sols lourds et difficiles à travailler, surtout après une forte pluie. Ils portent des cultures de sorgho blanc et de riz en saison pluvieuse. En saison sèche, ils sont utilisés pour la production maraîchère et la culture de décrue.

Ces principaux types de sols sont intégrés dans les différentes facettes du paysage. Le sous-sol et les sols de la région confèrent aux eaux du lac de Bagré un ph légèrement alcalin et une faible conductivité.

D'après le découpage phytogéographique de Guinko (1984), les provinces du Boulgou et du Zoudwéogo sont dans le secteur soudanien septentrional, caractérisé par des forêts galeries le long des cours d'eau, la savane arborée et la savane arbustive. L'hétérogénéité de la végétation est fonction du degré d'intervention de l'homme.

On distingue de deux grands types de formation végétale: la savane arbustive et la savane arborée. La savane arbustive des caracterise par les espèces suivantes: *Piliostigma reticulatum* (bagande, en moore), *Balanites aegyptiaca* (kenguelèga), *Ximenia americana* (Leenga, leega). La savane arborée se distingue par les espèces telles que : *Lannea microcarpa* (sabga,), *Butyrospermum paradoxum* (taanga), *Tamarindus indica* (pusga), *Khaya senegalensis* (kuka), *Acacia albida* (zaanga), *Acacia gourmaensis* (gomiiga), *Ficus gnaphalocarpa* (kankanga).

Deux constats se font de nos jours : la savane arbustive est dominante. Elle occupe plus de la moitié de la superficie et se situe aux alentours des champs et des zones d'habitation. La savane arborée se caractérise par sa rareté dans la zone d'étude.

Il y a aussi une opposition quant à la localisation de ces deux types de formation végétale dans l'espace. Si la savane arbustive est présente dans toute la région, la savane arborée se rencontre uniquement dans les zones de conservation et le long des cours d'eau de la zone étudiée.

2. Les mutations socio- démographiques et culturelles

2.1. L'historique et la structure du peuplement
Lonchocercose et d'autres facteurs (naturels et humains) ont vidé la population de cette zone. Des carnassiers (hyènes, lions dans la zone de Tcherbo et Lenga), des déprédateurs des cultures (éléphants, singes, acridiens), empêchaient la colonisation agricole de la vallée du Nakanbé (Nebié, 2005). Egalement, la trypanosomiase (au nord de la Dougoula Moundi) et d'autres endémo-épidémies (méningite cérébro-spinale, grippe espagnole), enfin les contraintes coloniales (travail forcé) et les exactions de certains chefs traditionnels ont entrainé le départ de la population

vers d'autres contrées. Mais l'action de ces facteurs est secondaire ou n'a fait qu'accélérer dans les vallées les mouvements d'abandon des sites. D'ailleurs un examen de ces différents facteurs montre que la plupart d'entre eux ont aujourd'hui disparu ou ont vu leur influence considérablement réduite (fauves, déprédateurs). Grâce aux services de santé, les grandes endémies ont été, soit éradiquées, soit contrôlées. Cependant, il demeure que l'onchocercose a été le facteur historique le plus important expliquant le sous-peuplement et le dépeuplement des abords des vallées. Un travail important a donc été entrepris par l'OMS à partir des années 70 pour lutter contre la simulie (vecteur de cette maladie) (Zoungrana, 2001). Ceci a abouti à l'assainissement et au repeuplement des vallées.

Ainsi, au recensement de 1996, la zone d'étude, composée par les départements des aménagements, regroupe 101 896 habitants. Le département de Bagré qui représente une grande partie de la zone de concentration des activités du projet par le biais des aménagements rizicoles, avec une population de 17 959 habitants, est l'une des plus importantes de la zone après celle de Boussouma (20 720 habitants).

Le recensement de 2006 a dénombré dans le milieu d'étude une population de 180 991 habitants, avec une représentation féminine de 54% (INSD, 2009). Cette caractéristique est reflétée à l'échelle des villages et également en suivant les tranches d'âge. Pour ce qui est du milieu d'étude, la commune de Bagré a 29 164 habitants et le premier village hôte des périmètres irrigués (Dirlakou) avait le plus grand contingent de population avec 11 387 habitants, contre 3 413 habitants à Lenga, 6 769 habitants à Niaogho et 1 370 habitants à Foungou (Carte 6).

L'évolution de la population du milieu d'étude suit également les variations du taux d'accroissement annuel moyen intercensitaire au niveau national. En effet, ce taux a été de 2,7% entre 1975 et 1985, de 2,4% entre 1985 et 1996 et de 3,1% entre 1996 et 2006 (INSD, 2009).

Selon les résultats du recensement de 2006, la densité moyenne est autour de 83,4 habitants au km² pour la province du Boulgou et de 67,1 habitants au km² pour celle du Zounwéogo. Mais dans le milieu d'étude, il est observé des pics de concentration dans les localités de Niaogho, Gomboussougou, Béguedo et Bagré.

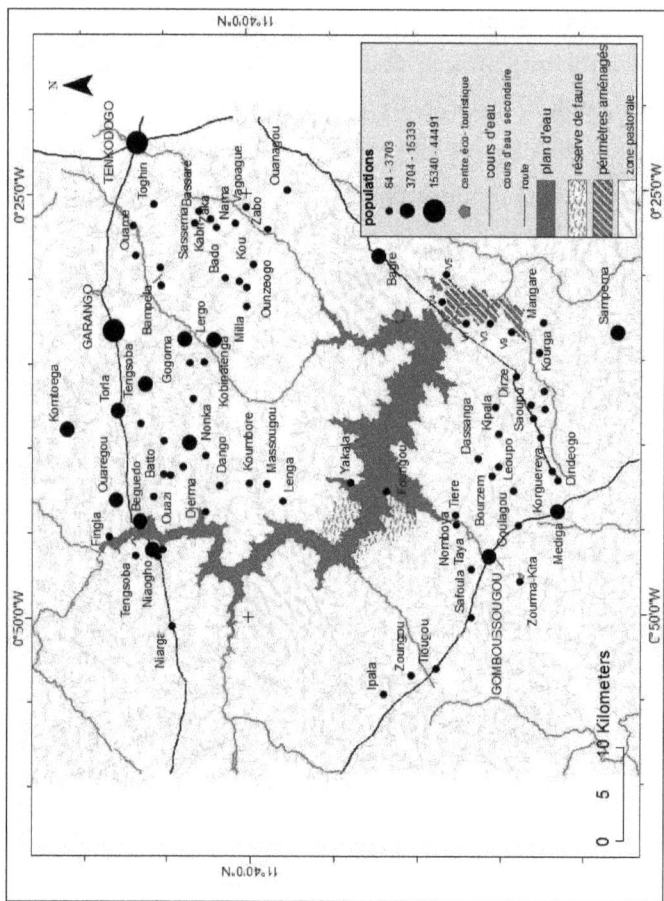

Carte 6: Populations de la zone de Bagré au recensement de 2006

Source : BNDT, 2000/ INSD, 2009

Selon le recensement de 2006, la tranche de 0 et 14 ans représente 49,5 % de la population de la zone d'étude. Les personnes de plus de 65 ans représentent 4 % de la population. Ainsi, la proportion de personnes en charge est très élevée (53,5 %). Et ces personnes sont majoritairement des femmes et des enfants très vulnérables à toute difficulté alimentaire. Cette structure démographique reflète celle des villages cibles de l'étude.

Sur le plan ethnique, la récente mise en place du barrage de Bagré a entraîné d'importants mouvements migratoires. Cependant, la région est depuis longtemps habitée en majorité par les Bissa.

En effet, le milieu d'étude est occupée dans des proportions différentes par les groupes ethniques ci-après : les Bissa, population autochtone, constituent la majorité de la population des villages avec 78 % des ménages, ensuite viennent les Mossi (12%), les Peuhls (8%) et les Gourounssi (2%) (INSD, 2009).

Les ethnies minoritaires mossi et peuhl se retrouvent principalement dans les villages de Niaogho, Bagré et Foungou où ils résident depuis plus d'une décennie et souhaitent s'installer définitivement. D'autres populations de nationalité étrangère sont aussi présentes, surtout dans les zones de pêche: Nigérians, Ghanéens et Maliens.

2.2. L'organisation sociale

Chez les Bissa, les structures les plus achevées reposent sur les villages, à l'image de beaucoup de groupes ethniques à organisation segmentaire faite de clans et de lignages relativement indépendants les uns des autres. Les sociétés mossi et bissa s'appuient sur des croyances ancestrales entretenues par des prêtres. Outre le maître de la terre connu de tous, il existe d'autres prêtres tels que celui de l'eau ou de la pluie, celui de la brousse ou de la forêt (Faure, 1996).

Les Bissa n'avaient aucun goût pour le pouvoir administratif ou politique centralisé comme les Mossi (Faure, 1996). Mais, avec l'économie de marché et le modernisme qui sont sources d'individualisme, un relâchement est intervenu à la base, brisant la forte solidarité ancestrale, entraînant un changement des mentalités et un bouleversement des normes d'organisation traditionnelles. Malgré tout, l'organisation des groupements repose sur les chefs de famille ou de concession qui maintiennent leur autorité sur les autres membres.

Cette organisation de l'ethnie bissa ne nuit en aucun cas au bon fonctionnement et à l'épanouissement des activités de pêche, de riziculture, de maraîchage ou aux activités menées dans la zone (Faure, 1996).

2.3. Les mouvements migratoires

Les potentialités naturelles et socio-économiques confèrent à la région du lac Bagré les caractéristiques d'une zone "attractive".

Ainsi, la migration se traduit par des flux de populations agricoles et pastorales venant pour l'essentiel du Centre et du Centre-Nord du pays. On y dénombre également des migrants attirés par la mise en eau du barrage de Bagré. Parmi ces nouveaux, certains souhaitent se fixer définitivement et d'autres temporairement. Les migrants temporaires sont représentés par les colons agricoles pour l'essentiel et les pêcheurs professionnels attirés par les potentialités halieutiques du lac. La zone est également un point de départ pour des migrations vers l'extérieur : surtout l'Italie et le Gabon.

2.4. La gestion des ressources naturelles

2.4.1. La gestion foncière

La gestion de la terre constitue un point de similitude entre les Bissa et les Mossi. Le principe de base est que la terre est un bien collectif et inaliénable sur lequel s'exercent des droits d'application et d'usage individuel ou collectif pouvant être permanents ou temporaires. Nul n'a le droit d'en refuser à quelqu'un qui en a besoin pour sa subsistance. Ainsi, dans les villages, chacun exerce un droit de jouissance sur une portion du domaine foncier, et peut exploiter librement une parcelle des terres relevant de son domaine lignager (Faure, 1996).

L'installation de tout migrant (agriculteur ou éleveur) est précédée de l'autorisation du chef de village ou du maître de la terre qui lui accorde un droit de culture temporaire (droit foncier limité) et précaire au départ (Nebié, 2005). Le migrant est tenu de respecter un certain nombre de consignes. Mais de nos jours, avoir accès à la terre est devenu très difficile pour les allochtones du fait de la forte pression.

En outre, le régime coutumier a toujours privilégié les activités agricoles. Il est difficile de nos jours de trouver des terres de parcours pour l'élevage, créant ainsi une cohabitation souvent conflictuelle entre agriculteurs et éleveurs. Fort de ce constat, le Burkina a adopté depuis 1984 un nouvel outil de gestion des terres à travers la loi portant Réorganisation Agraire et Foncière (Yaméogo, 2006), qui était en relecture en 2010. Cette réorganisation consacre le statut d'appartenance juridico-politique de la terre à l'Etat, avec la constitution d'un domaine foncier national. Dans son principe fondamental, la RAF vise une plus grande justice sociale dans l'accès aux ressources, afin que chaque citoyen (toute personne physique ou morale sans distinction de sexe ou de statut matrimonial) puisse satisfaire ses besoins socio-économiques. Mais plusieurs raisons ont limité considérablement l'exercice du droit moderne en milieu rural, laissant ainsi perdurer le droit coutumier.

La question foncière dans le milieu d'étude reste d'actualité et les conflits liés à la terre s'accentuent avec l'augmentation de la pression humaine et animale, la dégradation des ressources et le maintien des systèmes extensifs de production, grands consommateurs d'espace. La mise en place du refuge local des hippopotames et de la réserve protégée du Woozi, sur une partie des berges du lac (respectivement 30 000 hectares en rive droite et 6 800 hectares en rive gauche) (MOB, 2005), a aggravé la situation en réduisant les surfaces cultivables et les parcours surtout dans les villages riverains où la nappe d'eau a déjà submergé une partie des terres.

Dans l'ensemble, outre les zones déjà aménagées et dont les activités sont clairement définies, la gestion des terres se fait toujours suivant le régime coutumier et son accès se fait toujours de manière traditionnelle. L'héritage, le prêt et le don sont les moyens par lesquels les producteurs accèdent à la terre. En ce qui concerne le prêt ou le don, l'accès des allochtones à la terre se fait à travers une demande (le plus souvent verbale) adressée au lignage fondateur ou au pouvoir (en général maître de la terre). Ceci autorise à reconnaître le poids des responsables coutumiers, à travers la chefferie traditionnelle, dans la gestion des ressources foncières. Le droit coutumier dispose que la terre appartient au premier occupant.

Les terres en jachère sont quand même des terres non cultivées et ne peuvent pas être refusées lors d'une demande de prêt ; bien qu'elles aient déjà fait l'objet d'une mise en culture, et donc qu'un individu se les soit "appropriées". Mais avec la forte pression sur le foncier, les jachères existent à peine et sont plutôt converties en zone de pâturage pour les petits ruminants et les animaux de trait pendant la saison pluvieuse.

Ces prêts peuvent être considérés comme des dons (à part les terres en bordure du lac qui portent les cultures de contre saison) puisqu'il est très difficile ensuite pour le propriétaire foncier de les reprendre. Dans ces conditions, il devient de plus en plus difficile de bénéficier d'un prêt de terre dans les zones déjà saturées. Les investissements durables sur les champs (aménagements, plantation d'arbres) sont influencés par le mode d'accès à la terre. Ils sont proscrits dans le cadre des emprunts. Dans la gestion du foncier, le système actuel des autochtones se caractérise par un avantage sur le droit traditionnel foncier.

Ceux-ci détenant les meilleures terres, ils manifestent très peu d'intérêt pour entretenir la fertilité par l'utilisation de la fumure organique. Les investissements durables dans le maintien de la fertilité, par le biais des aménagements de CES/AGF (Conservation des Eaux et Sols/Agro-foresterie) sont ainsi limités dans le système actuel compte tenu de la tenure traditionnelle des terres.

Le régime foncier moderne est régi par la loi portant Réorganisation Agraire et Foncière. Il se résume au principe suivant : « *la terre appartient à l'Etat qui peut, dans certaines conditions, accorder le droit d'exploitation (parcelles aménagées, zone pastorale, etc.) ou le droit d'appropriation (cour d'habitation)* » (Nebié, 2005). La prééminence du droit de propriété de l'Etat sur la terre lui permet, dès que ses intérêts le commandent, de prendre toutes les dispositions utiles (déguerpissement, relogement...) pour permettre l'utilisation des terres dans un domaine d'utilité. C'est également une telle disposition qui a été prise pour le cas du milieu d'étude.

L'accès à la terre suivant les dispositions de la loi portant Réorganisation Agraire et Foncière (RAF), que ce soit sur les parcelles aménagées ou pastorales, est toujours soumis à examen et accord par une commission d'attribution (MOB, 1996).

2.4.2. La gestion traditionnelle de l'eau

Alors qu'il y a des critères relatifs à la gestion de la terre, tant au niveau traditionnel qu'à celui de l'Etat moderne, la situation concernant la gestion de l'eau est très différente. Dans la zone, comme partout ailleurs au Burkina, l'utilisation de l'eau est libre pour les besoins domestiques et pour abreuver les cheptels (résidents ou transhumants) (Faure, 1996).

Suivant les entretiens réalisés avec les personnes âgées sur les traditions des riverains de Bagré, l'eau est gratuite, qu'elle provienne des puits privés ou collectifs. L'eau est source de vie et ne peut être refusée à quelqu'un qui en a besoin. Elle ne bénéficie pas d'une gestion particulière. Il n'y a pas de véritable chef de l'eau à l'image du chef de terre, mais un prêtre délégué et chargé de satisfaire les génies de l'eau qui ont des interdits qu'il faut connaître et des exigences qu'il faut respecter. L'eau est mobilisée à travers les mares et les puits privés ou collectifs. Selon les personnes âgées ayant réalisé l'entretien, l'eau en elle-même est purificatrice. Elle ne "mange" pas les gens, ce sont les génies qu'elle abrite qui s'en prennent aux hommes s'ils n'ont pas reçu les sacrifices opportuns. Ces génies peuvent empêcher les poissons de remonter pour nourrir l'homme ou causer la noyade ; tels sont les traits caractéristiques de la gestion traditionnelle de l'eau chez les Bissa (Toé, 1999).

Les génies sont satisfaits par des sacrifices annuellement assurés par les villageois de Foungou et Yakala. Ces villages où habitent les maîtres de l'eau sont chargés de faire des offrandes destinées à assurer de bonnes productions tant halieutiques qu'agricoles. Ces offrandes se font également dans le but de protéger les pêcheurs et/ou toute personne contre la noyade et autres accidents professionnels.

Dans le cas de la gestion moderne des ressources en eau, l'eau, qu'elle soit souterraine ou superficielle, appartient à l'Etat. La perception populaire de la propriété des retenues d'eau attribue généralement celle-ci premièrement à l'initiateur de la construction, et ensuite à la population riveraine. Le concept de priorité ne semble avoir de l'importance que du point de vue de la responsabilité de l'organisation et le financement de réparations éventuelles. Les populations font une distinction nette entre la propriété et le droit d'usage ; en effet l'usage de l'eau est libre à tous les riverains et à toute personne de passage.

La zone d'étude présente des avantages aussi bien physiques qu'humains, pour le bon déroulement des activités de pêche, de riziculture, d'élevage, de maraîchage et de culture de décrue. Une participation à ces activités ne présente aucune incompatibilité avec les habitudes socio-culturelles de la population riveraine et cela explique la présente dynamique de l'occupation des terres autour du barrage.

3. La dynamique de l'occupation des terres autour des aménagements de Bagré de 1989 à 2006

Pour mieux appréhender l'évolution de l'occupation des terres dans la zone de Bagré, il a été nécessaire de faire une analyse diachronique à partir d'images à des dates différentes. Ainsi, une image d'avant la mise en valeur de la zone (1989) et une autre datée d'une décennie après l'aménagement (2006) ont été retenues. Cela a permis une représentation des aménagements, des activités et de la dynamique de l'occupation des terres qui sont une réponse d'adaptation aux phénomènes de variabilité climatique et de l'avènement du plan d'eau.

L'interprétation des images par le biais de la classification supervisée met en évidence une évolution de l'occupation des terres et du couvert végétal. En effet, le milieu d'étude avant l'aménagement comprend trois principales unités d'occupation des terres, à savoir les zones des savanes arborées et arbustives et les zones de cultures pluviales et dont les superficies sont consignées dans le tableau V.

Tableau V: Superficies des unités d'occupation des terres en 1989

Occupation des terres en 1989	Superficie en hectares	Superficie (%)
Culture pluviale	158 333,781	34,83
Savane arbustive	211 225,126	46,47
Savane arborée	84 981,7	18,70
Total	454 540,607	100

Source : Traitement des images Landsat de 1989

La culture pluviale, activité dominante, occupait la deuxième place en terme de superficie dans la zone de Bagré après la savane arbustive. Cela s'explique par la faible pression démographique dans ce milieu récemment libérée de l'emprise de l'onchocercose. En plus, selon les personnes âgées qui ont bien connu cette période, la fertilité des terres permettait aux acteurs de subvenir à leurs besoins sans défricher de grandes superficies.

En 2006 après l'aménagement, le milieu d'étude compte, en plus des trois unités d'occupation des terres déterminées en 1989, une unité de périmètres aménagés, un plan d'eau et une réserve faunique. La réserve faunique se composant de savane arbustive et arborée a été considérée par les acteurs, lors des entretiens pour la description des unités, comme unité d'occupation des terres à cause de sa particularité. Du fait de la connaissance des limites précises de cette réserve dont la superficie ne varie pas et au vu de l'ensemble des restrictions qui empêchent l'exploitation de cet espace (réserve totale proscrite à toutes les activités anthropiques), elle a été considérée comme une unité particulière au même titre que les savanes et les zones de cultures pluviales.

Les zones pastorales, quant à elles, sont partagées par les champs des éleveurs et les zones de pâturage. Son utilisation multiple n'a pas permis sa considération comme unité d'occupation par les acteurs. Ces zones ont été simplement délimitées et ses superficies partagées entre les unités d'occupation des terres prédéfinies, comme l'indique le tableau VI.

Tableau VI: Superficies des unités d'occupation des terres en 2006

Occupation des terres en 2006	Superficie en hectares	Superficie en %
Culture pluviale	174 883,675	38,47
Plan d'eau	22 031,025	4,85
Réserve de faune	2 913,628	0,64
Savane arborée	57 529	12,66
Savane arbustive	194 841,569	42,87
Périmètres aménagés	2 341,71	0,52
Total	454 540,607	100

Source : Traitement des images Landsat de 2006

Cette nouvelle restructuration des terres en 2006 a joué sur les proportions des surfaces par unité, et ce malgré le fait que les cultures pluviales continuent d'occuper une part importante des terres de la zone.

L'utilisation de la matrice de transition des unités d'occupation des terres pour la zone de Bagré aux périodes de 1989 et 2006 donne le tableau VII ci dessous:

Tableau VII: Matrice de transition des unités d'occupation des terres dans la zone de Bagré de 1989 à 2006

2006 / 1989	Culture pluviale	Savane arbustive	Savane arborée	Plan d'eau	Réserve de faune	Périmètres aménagés	Total
Culture pluviale	150844,43	5932,92	123,36	1 433,07	0,00	0,00	158333,78
Savane arbustive	5932,92	167739,87	12578,49	20360,19	2320,10	2293,56	211225,13
Savane arborée	18106,33	21168,78	44827,15	237,76	593,53	48,15	84981,70
TOTAL	174883,68	194841,57	57529,00	22031,03	2913,63	2341,71	454540,61

Source : Traitement des images Landsat de1989 et 2006

A la lecture du tableau 7, on s'aperçoit que des trois unités définies en 1989, seuls 20% des superficies ont connu une transformation en d'autres unités d'occupation de terres en 2006.

95,27% des terres de cultures pluviales ont été conservées en 2006 et 4,73% des anciennes terres vouées à la culture sont muté en plan d'eau, savane arbustive et savane arborée.

Le gain en superficies de cultures pluviales provient d'une conversion de 2,81% et 21,31% respectivement de savane arbustive et de savane arborée en champs.

En considérant la superficie de la savane arborée de 1989, il ressort que 52,75% de cette superficie ont été conservés dans la même unité en 2006. Le reste (47,25%) a été transformé en cultures pluviales, en plan d'eau, en périmètres aménagés, en savane arbustive et en réserve de faune (Figure 3).

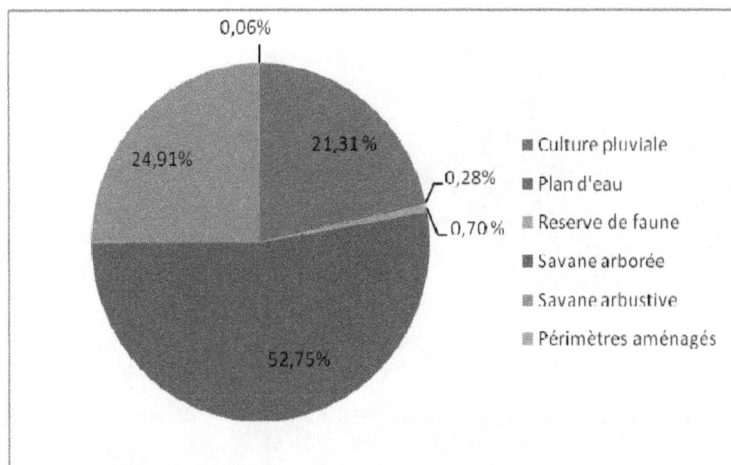

Source : Traitement des images Landsat de1989 et 2006

Figure 3 : Evolution des zones de savane arborée en d'autres unités d'occupation des terres de 1989 à 2006

83

En 2006 la superficie de la savane arborée a augmenté par l'apport de 5,96% de savane arbustive et 0,08% de zone de culture pluviale. L'accroissement de la savane arborée dans une zone sous pression foncière et démographique s'explique en partie par la présence des réserves de faune et des zones pastorales qui permettent une certaine protection, propice au développement du couvert végétal.

La part de la savane arbustive de 2006 se compose principalement de 79,41% d'anciennes savanes arbustives maintenues depuis 1989. Les 20, 59% de la superficie de savane arbustive de 1989 ont été transformés, en 2006 après les aménagements en plan d'eau, en zone de cultures pluviales, réserve de faune, périmètres aménagés et en savane arborée (Figure 4).

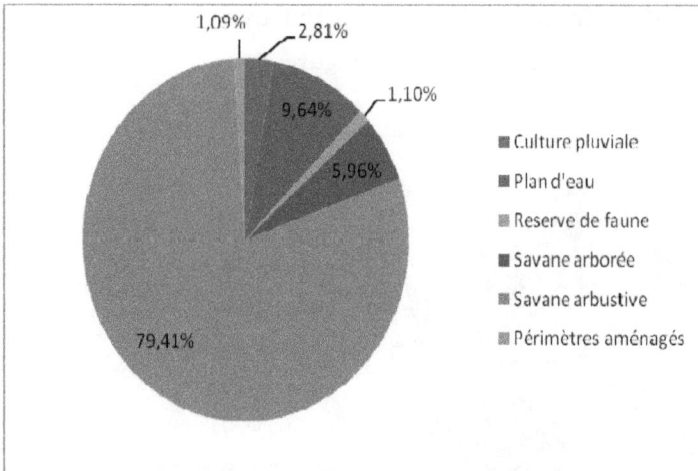

Source : Traitement des images Landsat de1989 et 2006

Figure 4 : Evolution des zones de savane arbustive en d'autres unités d'occupation des terres de 1989 à 2006

En plus des 79,41% de la savane arbustive de 1989 conservés, on note la transformation de 24,91% de savane arborée et de 3,75% de zone de cultures pluviales de 1989 en savane arbustive en 2006. La hausse de la superficie de la savane arbustive sur les anciennes zones de cultures est due à la délimitation de la zone pastorale qui a entrainé le déguerpissement d'agriculteurs qui ont ainsi abandonné les champs pour une reprise du couvert végétal. La carte 7 montre la mutation des espaces dans la zone de Bagré entre 1989 et 2006

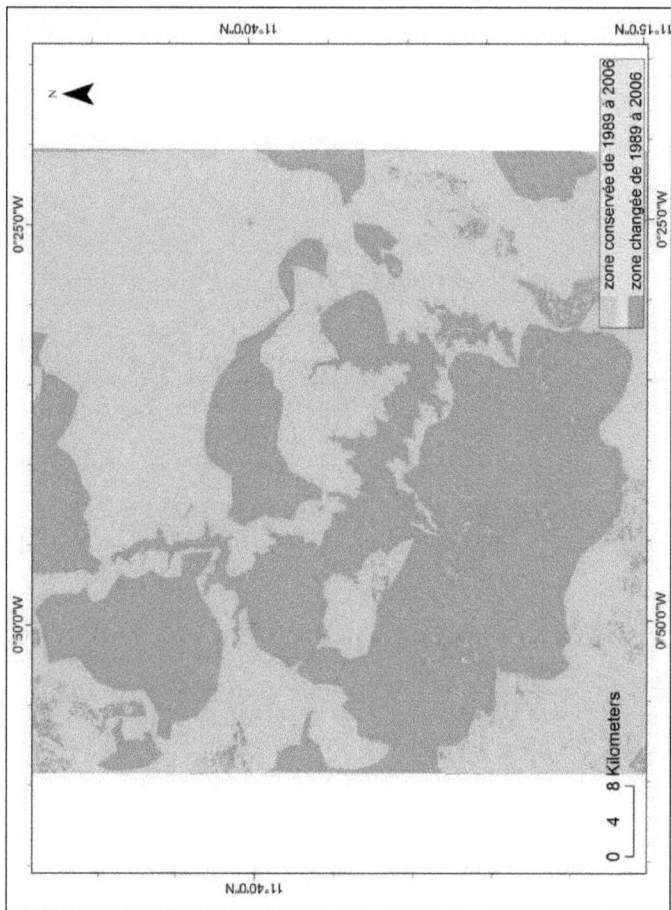

Source : Traitement des images Landsat de1989 et 2006

Carte 7: Mutation des espaces de la zone de Bagré de 1989 à 2006

zone conservée de 1989 à 2006
zone changée de 1989 à 2006

Les aménagements du projet Bagré et les différentes activités générées ont eu pour conséquence une forte mutation des unités d'occupation de la zone de 1989 à 2006.

Cette importante mutation des paysages ruraux s'explique par la pression des activités liées à la mise en eau du barrage, mais également grâce aux intérêts qu'elle a suscité.

Chapitre IV : LES AMENAGEMENTS ET LES ACTIVITES DANS LA ZONE DE BAGRE

Initié depuis les années 1970, le projet Bagré a été réalisé courant les années 1990 et porte sur une valorisation des ressources naturelles (eau, terre, faune et flore) et humaines pour le progrès économique, social et culturel aux niveaux régional et national.

Les principaux objectifs visent une sécurité alimentaire, nutritionnelle et la réduction de la dépendance énergétique du pays en contribuant à l'intensification des productions agricoles et animales et en assurant une production hydroélectrique (MOB, 2003).

Le projet Bagré apparaît comme une réaction des autorités burkinabé aux dures périodes de sécheresse que le pays a traversées. Une maîtrise du potentiel hydraulique était devenue une nécessité pour atténuer la dépendance du pays aux aléas climatiques.

1. Les aménagements du projet Bagré

Le barrage a été construit sur la rivière Nakanbé. Son bassin versant couvre une superficie d'environ 34 000 km². Sa pente moyenne est de 0,33m/km. Le bassin versant supérieur se situe à la limite sud de la zone sahélienne du pays, puis la rivière poursuit sa course le long des frontières du Ghana et du Togo. Le Nakanbé étant essentiellement alimenté par les eaux de pluie, la position géographique de sa partie supérieure influe de façon importante sur son régime fluvial. Il ne coule que pendant six à sept mois dans l'année, de juillet à janvier, le reste du temps il ne subsiste que quelques mares. L'apport en eau du lac de Bagré n'est donc pas constant au cours de l'année et se manifeste par une forte variation du débit d'eau du fleuve et du niveau d'eau du lac.

1.1. Le plan d'eau de Bagré

Le plan d'eau de Bagré s'étend sur une longueur moyenne de 70 km de la digue au village de Niaogho avec une largeur pouvant atteindre 12 à 15 km par endroits et une superficie maximale de 25 500 ha (SOCREGE, 1998).

Une des caractéristiques du lac de Bagré est la fluctuation de son volume d'eau. Celui-ci subit comme la majorité des retenues d'eau dans le Sahel, d'importantes fluctuations saisonnières avec des maxima en septembre - octobre et des minima en mai - juin. Le volume maximal est de 1,7 milliard de mètres cubes d'eau et de 0,8 milliard de mètres cubes lors des basses eaux (MOB, 1996). Cette variabilité est principalement fonction de paramètres climatiques et des activités anthropiques autour du plan d'eau.

La pluviométrie constitue la principale source d'approvisionnement du lac de Bagré. Le plan d'eau de Bagré joue le rôle de collecteur des eaux de ruissellement et son volume varie suivant la fluctuation de la pluviométrie d'une année à l'autre. En effet, les années de bonne pluviométrie sont celles des hautes crues du barrage comme l'indique la figure 5.

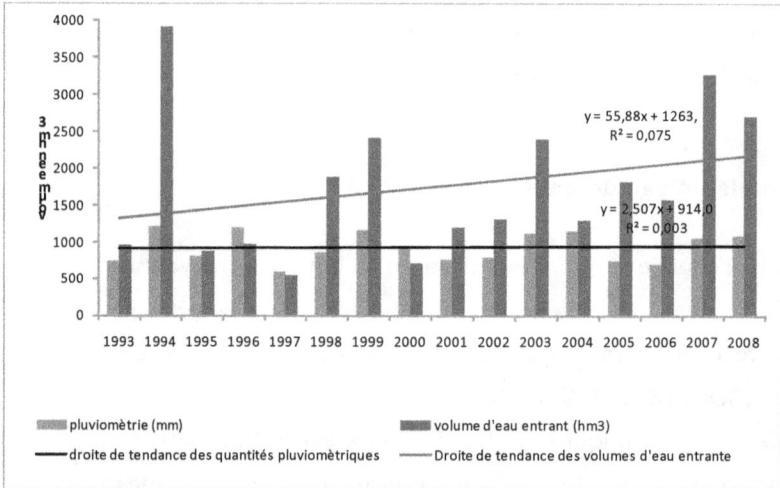

Figure 5 : Evolution des volumes d'eau entrant dans le lac et de la pluviométrie de 1993 à 2008

D'autres paramètres climatiques influencent également le volume du plan d'eau de Bagré à cause de leur contribution à la forte évaporation des eaux. Ce sont : l'insolation, l'humidité relative, le vent et les températures, qui seront analysés dans cette étude. En effet, le plan d'eau joue un rôle primordial dans l'équilibre thermique de sa zone d'influence. Cela est illustré par la courbe des températures et celle de la moyenne mobile de la variable évaporation qui ont une évolution en opposition de phase (Figure 6).

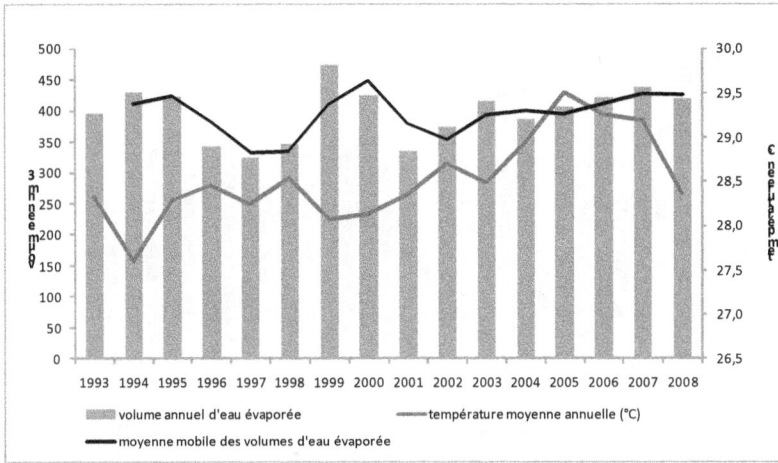

Source des données : Direction de la Météorologie Nationale/ SONABEL Bagré, 2009

Figure 6 : Evolution annuelle des volumes d'eau évaporée et des températures moyennes
de 1993 à 2008

Malgré tout, les données disponibles indiquent que les volumes d'eau perdue par le barrage suite à l'évaporation demeurent très impressionnants avec une moyenne de 395,92 hm³ sur la période d'observation. Le lac perd parfois plus de la moitié de son volume. C'est le cas en 1997 et 2000 où le volume d'eau évaporé a été respectivement de 55,1% et 62,5% du volume annuel du lac (Figure 7).

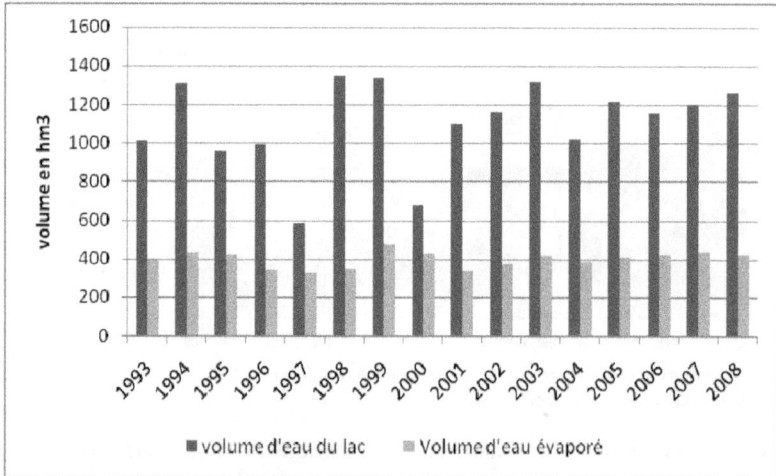

Source des données : SONABEL Bagré, 2009

Figure 7 : Volume d'eau du lac et volume d'eau évaporée de 1993 à 2008

Cette évaporation demeure intense pendant la saison sèche principalement d'octobre à décembre et mars à mai (Figure 8).

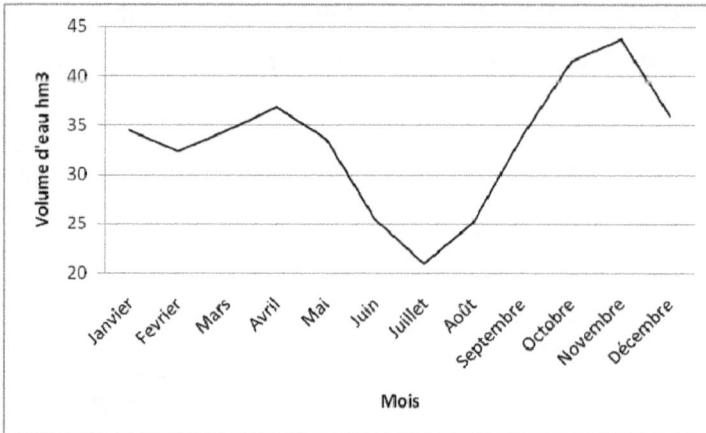

Source des données : SONABEL Bagré, 2009

Figure 8 : Moyenne mensuelle du volume d'eau évaporée de 1993 à 2008 sur le plan d'eau de Bagré

Au-delà des facteurs climatiques, l'irrigation des périmètres rizicoles, le turbinage par les installations pour l'hydro-électricité et les volumes d'eau évacués pour la sécurisation de la digue du barrage lors des grandes crues, sont des facteurs importants de la fluctuation du volume d'eau du lac.

La centrale hydroélectrique fut inaugurée en janvier 1994 mais sa mise en service date de mars 1993. La production d'électricité dépend des apports en eau dans le lac, donc de la pluviométrie, et secondairement des autres paramètres climatiques. Cette variation de la production électrique est en phase avec la variation des volumes d'eau turbinée sur le lac et la demande énergétique des zones de couverture. La droite de tendance des volumes d'eau turbinée marque une variation croissante de 1993 à 2008. Cette évolution se présente en dents de scie (Figure 9).

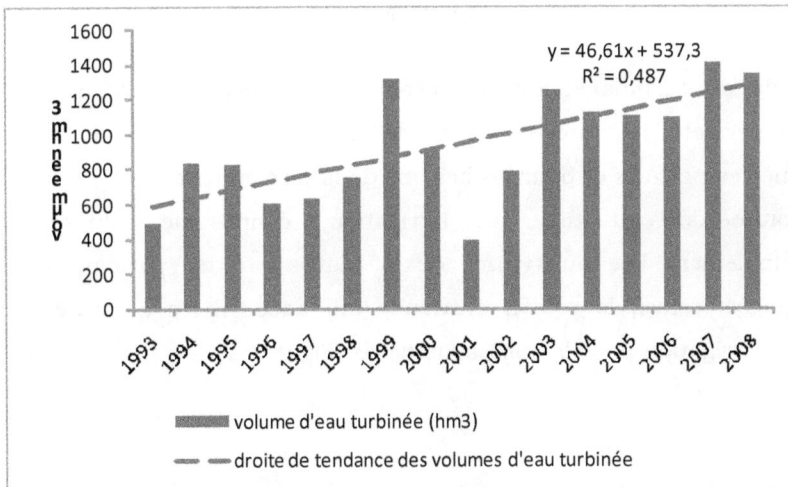

Source des données : SONABEL Bagré, 2009

Figure 9 : Evolution des volumes d'eau turbiné à Bagré de 1993 à 2008

On note que chaque année, les valeurs maximales de la production électrique et des différents volumes turbinés ont lieu au même moment, c'est à dire en octobre-novembre, correspondant à la période où la cuvette est remplie au maximum (Figure 10).

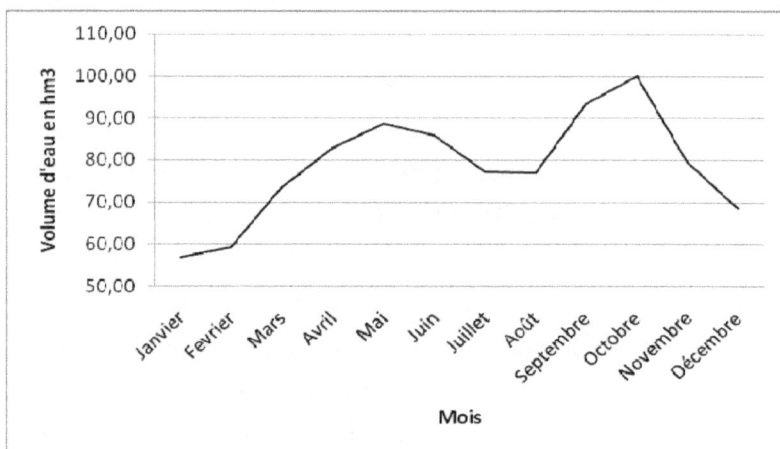

Source des données : SONABEL Bagré, 2009

Figure 10: Evolution des moyennes mensuelles des volumes d'eau turbinée à Bagré de 1993 à 2008

Au-delà du turbinage pour le besoin d'hydro-électricité, le plan d'eau permet l'irrigation gravitaire de plus de 1 800 hectares de périmètres rizicoles et pour les besoins de la pisciculture.

Le volume de l'eau utilisé pour l'irrigation a connu une évolution principalement liée au rythme de la réalisation des périmètres aménagés. Aussi, la saison pluvieuse influence-t-il les quantités d'eau d'irrigation pour la campagne de riz (Figure 11).

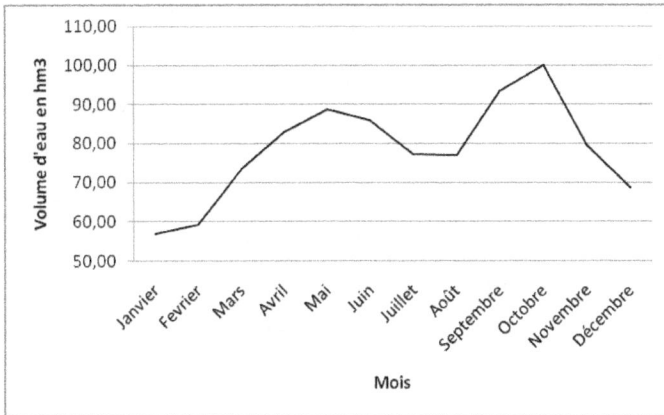

Source des données : SONABEL Bagré, 2009

Figure 11 : Evolution des moyennes mensuelles des volumes d'eau d'irrigation à Bagré de 1993 à 2008

Ainsi, de 2,146 hm³ en 1997, la quantité d'eau utilisée pour l'irrigation est passée à 142,37 hm³ en 2008. Bien que les prélèvements soient réglés suivant la quantité disponible d'eau dans le lac, ceux-ci sont aussi une cause importante de la baisse annuelle du niveau de l'eau du lac et surtout du retrait rapide des eaux.

Sur le plan d'eau de Bagré, les faibles crues sont entièrement stockées alors que les plus importantes sont relâchées par les évacuateurs de crues lorsque le niveau atteint la cote 235. La plus grande évacuation des eaux réalisée est celle de 1994 avec un volume de 2345,12 hm³ évacué. De la mise en eau du barrage à l'année 2008, cinq évacuations ont été réalisées au total.

Ces fluctuations du niveau du plan d'eau influence l'établissement d'un écosystème stable. Il en résulte une perturbation du comportement de la faune aquatique et des activités de maraîchage et de décrue. En dépit de cela, le lac de Bagré dispose d'un potentiel halieutique estimé à 1 650 tonnes de poissons par an

(SOCREGE, 1998 cité par Yanogo, 2006). Ce potentiel halieutique est susceptible de soutenir l'économie des villages riverains. Le lac de Bagré constitue également une opportunité pour les activités agricoles en saison sèche.

Jusqu'à présent, le bilan hydrique du barrage est positif car en aucune année, aucune des activités liées à ce projet n'a été arrêtée ou même ralentie pour insuffisance d'eau.

1.2. Les aménagements hydro-électriques

Les aménagements à Bagré comptent, par ailleurs, une usine hydroélectrique avec deux groupes Kaplan axe vertical de 8,36 MW/turbine de puissance avec une vitesse de 272,7 tours par minute. Le débit maximal turbiné est de 80 m³/s avec une hauteur de chute nominale de 23 m.

L'électricité produite est distribuée dans la zone de Ouagadougou, Zorgho, Koupéla, Tenkodogo, Zano et dans la région de Bagré.

Le débit maximum turbiné étant de 80 m³/s et la cote minimale avant arrêt des turbines de 226,70 IGN: à partir de cette hauteur, le niveau d'eau n'est plus suffisant pour faire tourner les turbines. A cette cote, les prises d'eau se retrouvent a l'air libre, avec pour conséquence des entrées d'air dans les turbines. Cette situation ne s'est encore jamais présentée depuis le début d'exploitation de la centrale. Cependant les prises d'eau pour l'irrigation peuvent continuer.

1.3. Les aménagements agricoles et sociaux

Le lac de barrage de Bagré a été conçu dans un double but hydroagricole et hydroélectrique. Il est prévu à terme, l'irrigation de 30 000 hectares dont 22 600 par pompage et 7 400 en gravitaire (Tableau VIII).

Tableau VIII : Le potentiel irrigable dans la zone de l'aménagement de Bagré

Type d'exhaure de l'eau	Superficie en hectares		
	Rive droite	Rive gauche	Total
Gravitaire	3 200	4 200	7 400
	Superficie en hectares		
	Amont	Aval	Total
Pompage	9 000	13 600	22 600

Source : Maitrise d'Ouvrage de Bagré, 2010

De nos jours, 1 865 hectares sont officiellement cultivés par les exploitants rizicoles. Un projet de 1 500 hectares en rive gauche est en cours de finition pour l'agro-business (Tableau IX).

Tableau IX: Les superficies aménagées ou en cours d'aménagement

	Rive droite	Rive gauche	Total
En exploitation	1 200	665	1 865
En cours d'exécution	-	1 500	1 500

Source : Maitrise d'Ouvrage de Bagré, 2010

665 hectares sur la rive gauche sont actuellement en exploitation. L'aménagement hydraulique pour cette tranche est constitué d'une prise d'eau sur le barrage et d'un canal d'amenée. La prise d'eau est dimensionnée pour un débit de 28 m³/s tandis que le canal, bétonné, chemine sur environ 11,16 km.

Pour la tranche de 1200 hectares exploitée en rive droite, la prise d'eau sur le barrage peut débiter 10 m³/s et le canal d'amenée a une capacité de 5 m³/s pour une longueur d'environ 15 km.

Outre les canaux principaux, chaque aménagement est complété par :

> ➢ des canaux secondaires bétonnés ou en parpaing ;
> ➢ des canaux tertiaires en terre compactée ;
> ➢ des drains secondaires et tertiaires stabilisés ;
> ➢ un réseau de pistes primaires, secondaires et tertiaires.

Pour l'exploitation de ces différentes tranches, des villages ont été créés, lotis et pourvus d'infrastructures sociales (écoles, CSPS, forages, pistes, magasins) où sont installés officiellement 1662 chefs de familles.

L'aménagement de 1 500 hectares en rive gauche, qui consacre le commencement de l'exploitation du type agrobusiness, est en voie d'achèvement.

Le système d'exploitation comprend deux campagnes annuelles de production rizicole. La première dite campagne sèche va de janvier à juin et la seconde dite campagne humide de juillet à décembre. L'alimentation en eau se fait exclusivement par l'irrigation en saison sèche, puisque la pluviométrie est presque nulle pendant cette saison. Alors que pendant la saison humide, l'irrigation est moindre.

Actuellement, seul le riz est exploité grâce à l'irrigation, par 1662 paysans officiellement installés, possédant chacun 1 hectare pour la culture de riz, 1,5 hectare de culture vivrière (sorgho, mil) et 0,4 hectare de champs de case. Il existe diverses variétés de riz qui ont un rendement potentiel allant de 4 à 8 tonnes/ha. Le riz, une fois décortiqué, se vend autour de 250 F CFA le kilogramme.

Toutefois, le projet d'aménagement de 1 500 hectares en rive gauche pourra faire l'objet d'une diversification, puisque l'exploitant pourra choisir ses spéculations pour l'agrobusiness.

2. Les activités induites par le projet Bagré

Elles comprennent l'ensemble des activités planifiées par le projet Bagré et qui bénéficient d'un suivi de la Direction de mise en valeur de la MOB.

2.1. La riziculture

La riziculture est l'une des activités structurantes du projet Bagré. Les objectifs assignés à cette activité novatrice dans la zone ont nécessité un accompagnement permanent des services techniques. Ils sont chargés d'organiser les acteurs, de les former et de les accompagner sur les périmètres aménagés pour qu'ils s'approprient tout le mécanisme de production avant l'autonomie de gestion.

Avoir l'opportunité de s'installer à Bagré pour la production du riz en double campagne annuelle nécessite l'acquisition d'une parcelle, avoir l'équipement indispensable, le respect du calendrier et du paquet technologique.

2.1.1. L'acquisition des parcelles rizicoles

Pour l'octroi d'une parcelle sur la plaine de Bagré, toute demande de candidature doit remplir des conditions strictes. Une commission d'attribution créée par arrêté du Haut Commissaire est chargée de l'attribution provisoire des parcelles hydro-agricoles.

L'attribution définitive est proposée après les six premières campagnes d'exploitation (trois ans) par la Commission de Gestion des Terres Aménagées (CGTA). A cet effet, la MOB produira un rapport d'évaluation de la mise en exploitation. La CGTA adresse après visite des lieux, un procès-verbal constatant ou non l'occupation et l'exploitation effective des parcelles attribuées provisoirement à chaque exploitant.

Ensuite, l'attribution définitive est sanctionnée par un permis d'exploitation. Ce permis est un titre de jouissance permanent délivré aux personnes physiques ou morales pour l'occupation à des fins lucratives de terres du domaine foncier national suivant les conditions établies par la loi portant Réorganisation Agraire et Foncière au Burkina Faso.

De ce fait, l'octroi d'un permis d'exploitation est conditionné par le paiement d'une redevance foncière de cinquante mille (50 000) francs CFA par hectare et par an.

En cas de décès de l'attributaire, ses ayants droit ont un délai de six mois pour faire connaître leur volonté de poursuivre l'exploitation de la parcelle du défunt.

Ainsi, tout attributaire de parcelle peut renoncer volontairement à sa parcelle par une lettre adressée à la MOB. Cette renonciation ne donne lieu, ni à une indemnisation, ni à un remboursement des sommes acquittées. La MOB et le Groupement des Producteurs (GP) peuvent toujours le poursuivre pour le paiement d'éventuels arriérés.

Ces attributions se sont déroulées au fur et à mesure de l'avancée des travaux d'aménagement des périmètres. Les premiers aménagements ont été l'œuvre de la Coopération Taïwanaise avec la réalisation de 1200 hectares en rive droite. Ainsi les premiers riziculteurs ont été installés sur la rive droite dans les villages V1 et V2 en 1997. Ils étaient principalement les anciens exploitants des périmètres de Bagré pilote.

Entre 1998 et 1999 des exploitants ont été officiellement installés dans les villages V3, V4, V5. Et enfin en 2002, les villages V6, V7, V8, V9 et V10 ont accueilli leurs habitants.

En rive gauche, la réalisation des aménagements a été confiée à l'entreprise Oumarou Kanazoé. La réalisation de cette tranche de périmètre prend en compte les anciens périmètres de Bagré pilote qui doivent aussi être raccordés au nouveau réseau hydraulique par le canal principal de la rive gauche. En l'an 2000 la remise de 665 hectares de périmètres rizicoles a permis l'installation de six villages sur cette rive.

Au total 16 villages ont été créés, lotis avec une installation officielle des producteurs par les services de la MOB sur les aménagements. Chaque village accueille entre 100 et 125 producteurs (chefs de ménage) qui sont installés de façon permanente à condition de respecter les clauses du cahier de charges.

A côté de l'attribution officielle de périmètres d'exploitation, un autre type d'attribution s'est développé ces dernières années.

En effet, avec la réalisation de la tranche de 1 500 hectares de périmètres vouée à l'agro-business (entrepreneuriat agricole) qui est en cours d'achèvement, la MOB procède à une attribution temporaire des parties déjà achevées. Les 1 500 hectares, dont la réception définitive était prévue en fin 2010, sont une propriété de l'Etat qui doit les attribuer à des opérateurs capables de faire la promotion de l'agrobusiness sur ces aménagements. En attendant la fin complète des travaux de cette tranche et l'attribution permanente des parcelles aux agrobusinessmen, la MOB a déjà installé de façon temporaire plus de 1 500 exploitants, pour la culture de riz uniquement, suivant un contrat d'une campagne reconductible jusqu'au jour où l'Etat aura besoin de ses aménagements. Cette occupation temporaire de ces nouveaux périmètres a débuté depuis 2007 et se poursuit de nos jours. Le choix de ces exploitants se fait suite à des communiqués de la MOB pour susciter des candidatures. Seuls les demandeurs ne possédant pas de parcelle sur les aménagements de Bagré sont éligibles.

Sur ces nouveaux périmètres, il n'y a ni encadrement technique de la part de la MOB, ni possibilité pour les exploitants de s'organiser en groupement. Mais ils ont obligation de s'acquitter de la redevance eau par campagne de l'ordre de 17 500 F CFA par hectare. Pour la campagne sèche de 2009, plus de 400 exploitants temporaires se sont acquittés de cette redevance eau.

Cette initiative de la MOB, pour l'exploitation des 1500 hectares sur les parties où les travaux sont achevés, a été motivée par la crise financière mondiale qui a eu des répercussions sur l'offre et même le prix du riz. Alors, il fallait trouver une alternative pour augmenter un tant soit peu la production nationale de riz et faire face à cette crise qui affecte la sécurité alimentaire des pays en développement comme le Burkina Faso.

L'occupation temporaire de parcelle permet également de résoudre un problème de pression foncière sur le périmètre. En effet, avec l'accroissement de la population installée depuis le début des activités de production de riz, il est courant de voir plusieurs actifs, chefs de ménage, exploiter une même parcelle d'un hectare. Ce qui est loin d'être rentable selon les acteurs car plusieurs personnes se retrouvent sans terre dans la zone de Bagré et n'ont d'autres alternatives que de devenir des contractuels en l'absence de parcelle aménagée et de champ de cultures pluviales.

2.1.2. Les techniques agricoles sur les parcelles rizicoles

Les activités agricoles sur les aménagements de Bagré se font dans le respect d'un enchainement des tâches et techniques culturales vulgarisées par la MOB, par l'intermédiaire des conseillers agricoles. Ainsi, pour chaque campagne, du début à la fin, les producteurs ont des tâches spécifiques à accomplir dans leur parcelle pour escompter de bons rendements. Ces techniques de production dites modernes, intensives et durables par la MOB, prévoient pour chaque acteur une phase d'entretien des infrastructures hydrauliques, de préparation de la parcelle, de repiquage et d'entretien de la parcelle.

L'entretien des infrastructures hydrauliques consiste au nettoyage et au curage des canaux et des drains. Les phases de la préparation de la parcelle consistent à :

- mettre en place une pépinière de 350 m² pour un hectare exploité (50kg/hectare de semence améliorée) ;
- effectuer la mise en boue, le planage et la fumure organique de fond (5 tonnes pour deux années de production) ;
- repiquer le riz selon une technique bien précise : au niveau des écartements des poquets, 20 x 10 cm. Pour le repiquage, seuls deux brins de riz sont utilisés par poquet.

L'entretien de la parcelle passe par:

- l'application d'engrais NPK, soit 200kg/ hectare;
- l'application d'engrais urée d'une quantité de 450kg/ hectare en trois phases;
- le malaxage à l'application du NPK ;
- le désherbage, l'irrigation et le drainage à la demande.

Toutes ces tâches impliquent l'établissement d'un calendrier agricole à chaque début de campagne. Pour une campagne humide allant de juillet à décembre, le planning des activités prévu par la MOB est résumé dans le tableau X.

Tableau X: Le calendrier agricole d'une campagne humide

Périodes	Tâches
1er au 30 juillet	• Labour • Préparations et mise en place des pépinières
15 juillet au 15 août	• Concassage ; Mise en boue ; Planage • Repiquage • Application de la fumure organique
25 juillet au 25 août	• Application NPK
30 juillet au 30 août	• Désherbage ; sarclage ; application 1re fraction Urée • Traitement phytosanitaire
15 août au 15 septembre	• Désherbage ; application 2e fraction Urée
15 septembre au 30 septembre	• Application 3e fraction Urée
15 octobre au 15 novembre	• Drainage des parcelles, • Arrêt de l'irrigation
1er novembre au15 novembre	• Pose des carrés de rendement
15 novembre au 30 décembre	• Récolte • Battage et vannage • Commercialisation

Source : MOB et Enquête terrain, 2009

2.1.3. Les intrants et la mécanisation agricole

L'espoir d'une bonne récolte sur les périmètres rizicoles est conditionné par le respect du calendrier agricole. Ainsi, il faut suivre les prescriptions pour la pépinière (avec 50 kilogrammes de semences améliorées pour un hectare) et l'application à temps des intrants (la fumure organique, l'urée, le NPK et les traitements phytosanitaires). Bien que la fumure organique s'applique pour quatre campagnes successives, la quantité requise constitue une contrainte pour les riziculteurs. L'initiative des fosses fumières développée par les services techniques de l'agriculture contribue à soulager un tant soit peu les acteurs, mais sur certains sites, leur entretien reste problématique.

Les semences améliorées pour la pépinière coûtent extrêmement cher selon les acteurs et leur disponibilité n'est pas toujours évidente. Les riziculteurs doivent également acquérir des intrants chimiques et les appliquer à temps sur les parcelles.

Ainsi le traitement de NPK se fait une fois avec une quantité de 200kg/hectare, juste 10 jours après le repiquage. L'application de l'urée se fait en trois phases dont le 30ième jour après le repiquage, ensuite le 45ème jour et enfin le 60ème jour après le repiquage. Chaque application se fait avec une quantité de 150 kg/hectare.

Depuis deux ans, le gouvernement offre une subvention pour l'achat de certains intrants afin de relancer la production nationale du riz. Dans ce cadre, la semence améliorée dont le prix des 50 kilogrammes nécessaires pour un hectare fluctue autour de 25 000 F CFA sur le marché, est vendu à prix subventionné de 2 000 F CFA. Ce qui constitue une opportunité de taille pour les acteurs.

L'urée et le NPK, dont le prix du sac de 50 Kilogrammes varie entre 19 000 et 22 500 F CFA sur le marché, sont vendus à prix subventionné sur le site de Bagré à 14 000 FCFA pour le NPK et 12 500 F CFA pour l'urée.

Le traitement phytosanitaire, qui permet de lutter contre les parasites sur les parcelles, se fait juste après l'application de la première fraction de l'urée. Ce traitement n'est pas toujours aisé pour les acteurs car il nécessite au moins un pulvérisateur et des produits pas toujours accessibles et dont les plus utilisés sur le site sont le DECIS et le CYTERCAL. Le volume nécessaire pour le traitement d'un hectare est de un litre au prix de 10 000 à 15 000 F CFA.

La production de riz en double campagne à Bagré exige un minimum de matériels agricoles. Ces équipements sont exigés avant l'attribution d'une parcelle.

Selon les conseillers agricoles des périmètres, l'équipement minimal nécessaire à une exploitation se compose de :

- une paire de bœufs de trait ;
- une charrue bovine pour le labour ;
- une herse bovine pour la mise en boue ;
- une charrette asine pour le transport des intrants, de la production, ctc. ;
- une houe rotative pour le désherbage et l'incorporation de l'herbe et des intrants.

Des résultats des enquêtes et des entretiens, il ressort que seulement 15% des acteurs ont cet équipement minimal contre 50% qui ont au minimum une charrue et une houe rotative. Environ 25% ne disposent d'aucun matériel de la liste minimale. Ils utilisent l'équipement disponible à la MOB pour la préparation de leur parcelle. En effet, la MOB dispose de quatre tracteurs en location à un coût d'environ 30 000 FCFA pour le labour d'un hectare.

Pour les acteurs, le retard sur le calendrier agricole est essentiellement lié à la difficulté d'accès aux intrants et au manque d'équipement. Même les intrants acquis sur le marché posent souvent des problèmes de qualité. Généralement, ces intrants vendus par les commerçants sont des contrefaçons et peuvent être inefficaces pour la production du riz.

Un autre problème posé par les acteurs, au cours des entretiens, est la mortalité des bœufs de trait qui ne font pas plus de 3 ans d'activités. Les acteurs expliquent cette situation par la dureté des conditions de travail pour les animaux.

2.1.4. Les productions et les circuits de commercialisation

La production rizicole sur les périmètres de Bagré varie d'une campagne à l'autre (Figure 12). Cela s'explique par l'évolution des superficies aménagées depuis le début de l'exploitation, du rendement d'une campagne à l'autre et de la disponibilité de la main d'œuvre.

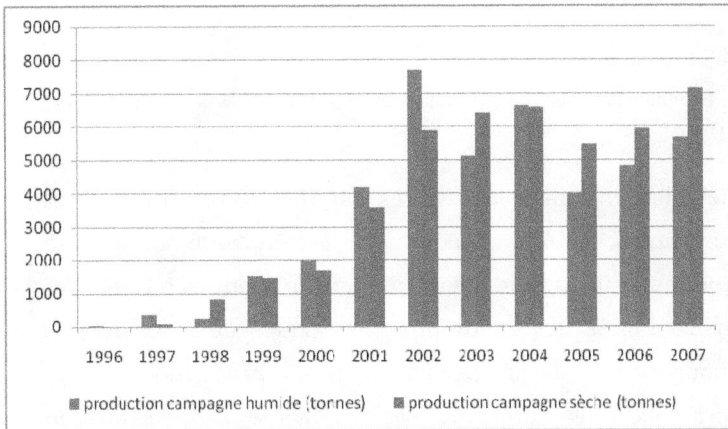

Source des données : MOB, 2008

Figure 12 : Evolution de la production de riz par campagne sur les sites rizicoles de Bagré de 1996 à 2007

Pendant la campagne humide, la production de riz est couplée avec les cultures pluviales. Le cumul des deux activités amène les acteurs à faire des choix. Les problèmes d'écoulement de la production locale de riz avant la crise alimentaire de ces dernières années avaient joué sur ce choix. Par conséquent, les superficies exploitées en campagne humide sont faibles, surtout entre 2005 et 2007, comme le montre la figure 13.

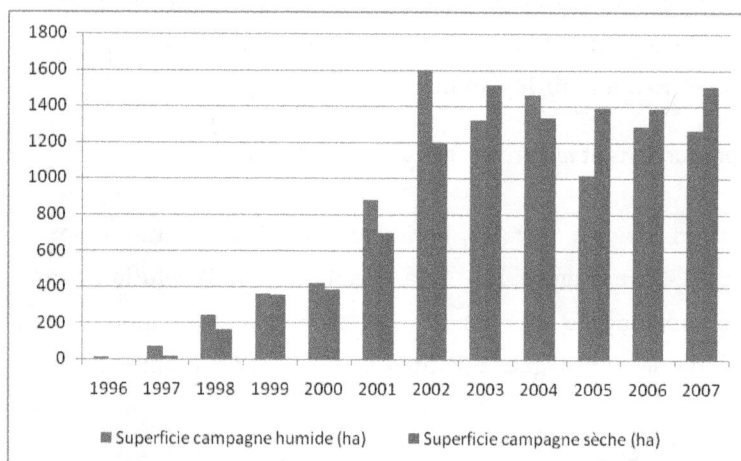

Source des données : MOB, 2008

Figure 13 : Evolution des superficies rizicoles sur les périmètres de Bagré, de 1996 à 2007

Le taux de mise en valeur des terres est très élevé, entre 80 et 100%. Pour l'année 2007, la production de campagne sèche a été de 7 140 tonnes, soit un rendement inférieur à 5 tonnes à l'hectare. Pour la même année, les conditions climatiques de la campagne humide pourraient laisser penser que la production a été supérieure à celle de la campagne sèche. Mais le taux de mise en valeur des terres est bien inférieur, puisque 4/5 de la superficie attribuée ont été exploités. Par conséquent, même si le rendement à l'hectare est à peine moins élevé que celui de la campagne sèche, la production est de 5 642 tonnes, soit près de 1 500 tonnes en moins.

Cette forte différence de production entre les deux campagnes tend à disparaître avec les initiatives prises par le gouvernement depuis 2008 pour propulser la production locale du riz afin de juguler la crise alimentaire née avec la fluctuation des prix des denrées importées. Les initiatives du gouvernement se sont traduites sur le terrain par la subvention de certains intrants agricoles dont la semence certifiée, le NPK et l'urée.

Des mécanismes ont été créés pour l'achat des récoltes auprès des acteurs. Cela redonne de l'espoir aux acteurs car le prix minimal appliqué est issu des discussions entre partenaires du secteur du riz.

Le bilan de la distribution du riz de Bagré en 2008 a permis d'identifier quatre principaux acheteurs (Figure 14). Ils viennent de Bobo-Dioulasso et de Ouagadougou et acquièrent respectivement 40% et 20% de la production vendue. Ensuite viennent les commerçants des pays limitrophes (Ghana, Togo) qui achètent environ 25% de la production. Il a été révélé que seulement 15% de la production est destinée à l'approvisionnement des unités de décorticage de Bagré.

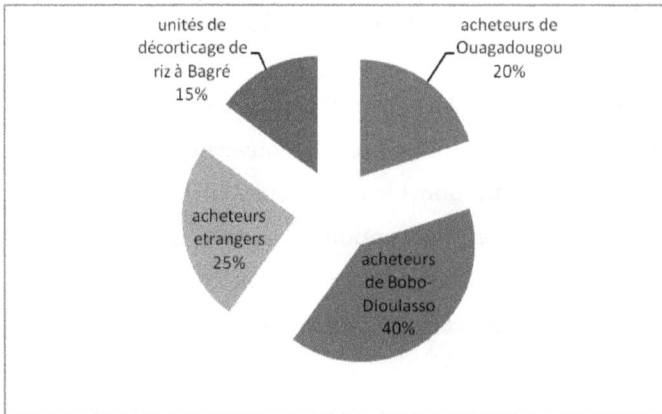

Source des données : MOB, 2008

Figure 14 : Les principaux acheteurs de riz sur le site de Bagré en 2008

Ces données permettent de retenir que la spéculation sur le prix du riz ne permettait pas toujours à la SONAGESS, institution étatique chargée de la mise en place des stocks de sécurité alimentaire, un accès facile à la production de riz à Bagré. Ainsi, dans la détermination des destinations de la production, cette structure a été classée dans le lot des acheteurs de Ouagadougou, en raison de sa faible capacité d'accès à la production.

2.2. La pêche

Selon Toé (1999), la pêche était pratiquée au Burkina Faso d'une façon coutumière avant les années 1950, aux abords des plans d'eau résiduels, pendant les périodes d'étiage. Sur les biefs profonds du Nakanbé, une pêche traditionnelle s'effectuait une fois par an. Elle s'assimilait à une battue pour laquelle tous les habitants des villages environnants étaient mobilisés. C'est également une pêche communautaire car elle se faisait avec tous les membres du village et ceux des villages riverains. Le poisson était pêché avec du matériel rudimentaire composé essentiellement

110

de nasses, de coupe-coupes, de lances, de harpons, de paniers, etc. Aucune compétence particulière n'était requise pour cette pêche, mais bien avant l'activité, des sacrifices étaient faits sous la direction du maître des eaux, à qui revenait une partie des prises. La production de cette pêche était vouée à l'autoconsommation et sa conservation était faite de façon traditionnelle par le fumage.

A côté de cette pêche traditionnelle, SOCREGE (1998) signale la pratique de la pêche professionnelle par des acteurs venant essentiellement du Mali, du Niger, du Nigeria et du Ghana.

Ensuite, le colonisateur fit appel à ces pêcheurs professionnels pour diffuser les techniques de pêche aux populations riveraines des plans d'eau. C'est ainsi que partout au Burkina, et plus particulièrement sur le Nakanbé, des populations se sont lancées progressivement dans cette activité avant que la cécité des rivières (onchocercose) ne freine son élan. Mais la construction des premiers barrages a entraîné la formation des premiers noyaux de pêcheurs. Ces organisations primaires ont servi de base à l'intervention de la Direction de la pêche et de la pisciculture créée en 1976 et devenue Direction des Pêches en 1990 (Direction des Pêches : Rapport statistique, 2000).

La politique nationale dans le domaine de la pêche prévoit la gestion concertée des ressources halieutiques. La loi N°006/97/ADP du 31 janvier 1997 portant Code forestier contient un titre pêche. Elle autorise la possibilité de gestion spéciale décentralisée impliquant pleinement les acteurs de la pêche sur les plans d'eau d'une superficie à l'étiage supérieure ou égale à 5 000 hectares. C'est dans ce contexte que le décret n°98-307/PRES/PM/MEE du 15 juillet 1998 a placé les pêcheries de Bagré et de Kompienga sous le régime spécifique de Périmètre Aquacole d'Intérêt Économique (PAIE), administré par un comité de gestion. L'Unité Technique du Périmètre (UTP) assure la coordination des interventions dans le domaine halieutique, dans la mise en œuvre du plan d'aménagement et d'autres décisions du Comité de Gestion, en collaboration avec toutes les parties prenantes.

Au cours de l'année 2006, l'Unité Technique du Périmètre a délivré 479 titres d'exploitation (permis de pêche, licences), ce qui représente une contribution de 3 337 500 F CFA au trésor public. Pour les contentieux, une somme de 115 000 F CFA a également été versée à l'Etat (UTP, décembre 2006).

La production exploitable dans le lac de Bagré est estimée en moyenne à environ 1 650 tonnes de poissons par an (SOCREGE, 1998 cité par Yanogo, 2006). En outre, le lac serait en mesure d'accueillir un optimum de 3 pêcheurs au km^2 (SOCREGE, 1998), soit environ 600 pêcheurs à plein temps, pour une production annuelle estimée entre 1 200 et 2 400 tonnes de poissons. Il existe d'autres ressources exploitables telles que les moules, les huîtres, les grenouilles, etc. Par ailleurs, la rationalité des moyens et méthodes de pêche permettrait d'améliorer ces potentialités, dans les limites des conditions d'exploitation durable.

Des débarcadères ont été construits autour du lac (Carte 8). C'est le lieu de rencontre entre les pêcheurs, les mareyeurs et les transformatrices. C'est également le point de collecte et d'enregistrement des données de production et de vente des prises. Autour du lac Bagré, on compte 18 débarcadères dont 15 fonctionnels. Les trois débarcadères non fonctionnels sont Bouta, Nomboya-ancien et Dirze. Les débarcadères ont connu dans leur ensemble, une activité continue de pesée / vente à partir de février 1994, date de mise en place et de fonctionnement de la plupart des centres de commercialisation.

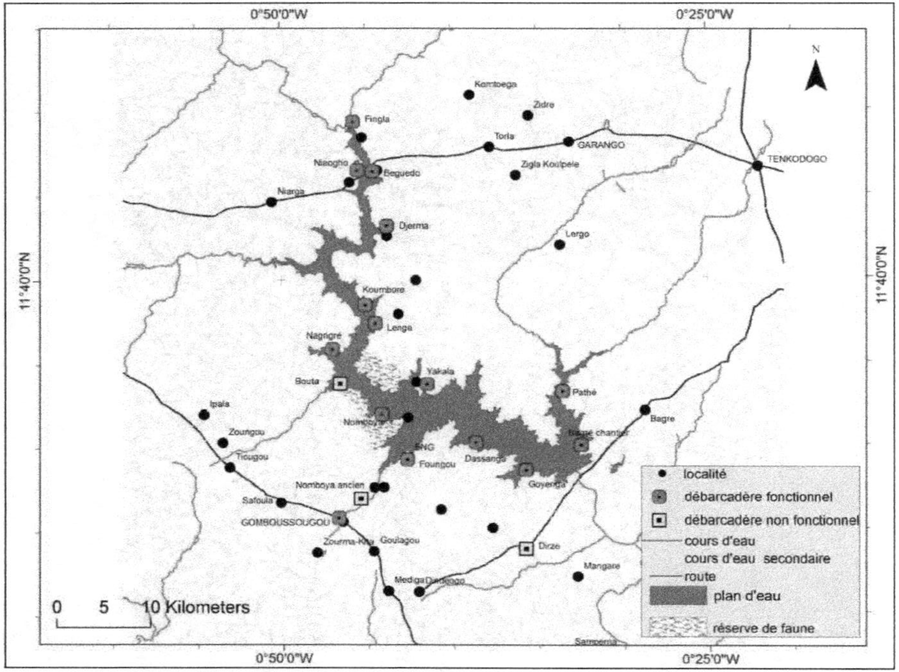

Source : BNDT, 2000/ Relevés GPS et enquête terrain, 2009-2010

Carte 8 : La distribution des débarcadères autour du lac Bagré

113

Les pêcheurs sont répartis sur les débarcadères autour du lac. Un effectif de 598 pêcheurs organisés en 15 groupements a été recensé en 2006 (Yanogo, 2006). La grande majorité des pêcheurs œuvrant sur ce lac sont semi-professionnels, c'est à dire, qu'ils ne consacrent qu'une partie de leur temps à la pêche, le reste étant réservé à l'agriculture et/ou à l'élevage qui est leur activité principale. Le pêcheur semi-professionnel quitte peu ou pas son terroir et ne se déplace pas vers d'autres plans d'eau. Certains pêcheurs professionnels, s'adonnent exclusivement à la pêche. Contrairement aux semi-professionnels, les pêcheurs professionnels migrent de lac en lac en fonction des périodes réputées poissonneuses.

D'autres sont des pêcheurs occasionnels, pratiquant la pêche de façon sporadique, ne disposant ni du matériel adéquat ni de connaissances techniques suffisantes pour bien travailler.

Les pêcheurs du lac recourent à différentes techniques de pêche (pêche active ou pêche passive), utilisant un matériel spécifique : filets maillants, filets éperviers, palangres et des pirogues comme embarcations.

Pour l'ensemble des pêcheurs de l'échantillon d'enquête, le nombre de jours de travail est fonction de l'équipement possédé, des activités secondaires et de la période. Si les professionnels (58% des pêcheurs) sont les plus assidus quelle que soit la saison, les semi-professionnels et les occasionnels (42% de l'échantillon) alternent la pêche et d'autres activités en tenant compte des paramètres climatiques qui peuvent influencer le rendement. Sur le site d'étude de Foungou, les résultats des enquêtes révèlent que 81% des acteurs ont un intervalle de 5 à 7 jours de pêche par semaine et

19%, composés principalement de semi-professionnels et d'occasionnels, fluctuent entre 2 à 4 jours de pêche par semaine en période pluvieuse. Les prises qui fluctuent également selon la période vont de 1 à 5 kilogrammes de poissons par jour en saison pluvieuse pour 54% et 6 kilogrammes et plus pour 46% des individus de l'échantillon, mais essentiellement professionnels. Les acteurs reconnaissent enlever les quantités destinées à l'autoconsommation avant la pesée au débarcadère. Ainsi 60% des acteurs rencontrés prélèvent 1 à 2 kilogrammes pour la famille contre 34% pour moins de 1 kilogramme de poissons prélevés et 6% des pêcheurs pour plus de 3 kilogrammes par sortie de pêche, et cela en fonction de la taille de la famille.

D'une façon générale, une forte demande des produits halieutiques est observée sur les marchés. Le poisson frais est très apprécié dans les centres urbains, tant au niveau des ménages que dans les bars, restaurants et autres lieux de distraction.

Le poisson est transporté soit à cyclomoteur, soit en camionnette équipée de caisses isothermes contenant de la glace. Le poisson passe par des grossistes, des poissonneries ou des marchands ambulants avant d'arriver aux consommateurs.

Le poisson fumé est aussi très prisé dans les villes moyennes et dans les campagnes. Il est souvent considéré comme moins cher que la viande et utilisé en petite quantité dans les sauces. Même si quelques hommes s'adonnent à la transformation du poisson (fumage, séchage...), cette activité est essentiellement exercée par les femmes. En 2006, on a recensé 434 femmes transformatrices de poissons autour du lac de Bagré, contre 107 mareyeurs (Nombré, 2007).

Les productions et le nombre des acteurs du secteur de la pêche autour du plan d'eau de Bagré varient suivant les années (Figure 15).

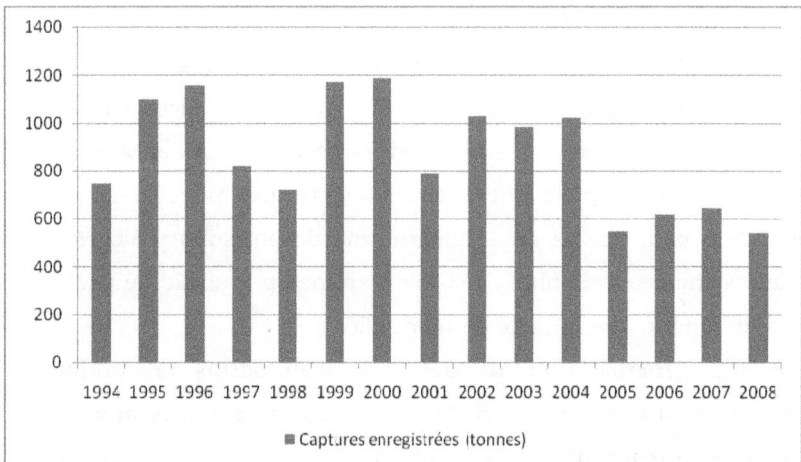

Source des données : PAIE/Bagré, 2008/ enquête terrain
Figure 15: Les captures enregistrées de 1994 à 2008 sur le lac Bagré

Le poisson frais est vendu entre 250 et 750 FCFA/kilogramme au niveau des débarcadères et environ 1000 FCFA par kilogramme à Ouagadougou. Le poisson fumé est vendu environ 1000 FCFA/kilogramme par les transformatrices et son prix de vente varie entre 1500 FCFA et 2000 FCFA/kilogramme à Ouagadougou.

Les espèces les plus recherchées à l'état frais sont le capitaine (*Lates niloticus*), la carpe (*Tilapia*) et les *Synodontis*. A l'état fumé, la préférence va aux Siluriformes (*Clarias et Heterobranchus*) (SOCREGE, 1995).

2.3. La pisciculture

Pour intensifier l'activité de pêche et fournir plus de ressources halieutiques aux populations, une ferme piscicole a été construite

116

en rive droite du Nakanbé en aval du barrage grâce à la coopération entre le Burkina Faso et la République de Taiwan. Elle a débuté sa production en 2004. L'eau utilisée provient de la prise d'irrigation de la rive droite. Cette ferme compte 35 bassins d'une superficie totale de 57 100 m², des pompes, des forages, une usine de production d'aliments pour le poisson, une bibliothèque ; le tout sur une superficie de 16 hectares.

Ce centre sert à la production de poissons marchands et de semence piscicole (alevins) pour les besoins de la station, mais aussi pour toute institution privée qui s'intéresse à la pisciculture.

Malgré tout le potentiel créé par le biais de l'aménagement hydroagricole de Bagré, les pêcheurs sur le site de Foungou évoquent quelques difficultés qui entravent leurs activités. Il s'agit principalement de la cherté du matériel de pêche, le manque de renforcement des capacités des acteurs qui se sentent laissés à eux-mêmes sur les pêcheries, et surtout le manque d'organisation du circuit d'écoulement qui souffre de l'absence d'une chaîne de froid pour la conservation de la production halieutique. A celles-ci s'ajoute une autre difficulté qui vient atténuer le rendement des pêcheurs sur les sites de Bagré. Il s'agit des dégâts de matériel causés par les hippopotames et les souches d'arbre présentes dans le lac. Cette difficulté est plus que préoccupante pour les acteurs car selon les études de Saley (2005), de 1997 à 2004, 26 pirogues ont été détruites par les hippopotames sur le plan d'eau, dont 17 du village de Foungou. De même, ils ont détruit 75 filets maillants dont 44 du village de Foungou. A en croire les informations recueillies lors des entretiens avec les acteurs sur le site de Foungou, le nombre de palangres détériorés par les hippopotames est plus élevé que celui de filets maillants sur ce site de pêche, ces cinq dernières années.

2.4. L'élevage intensif

Le volet production animale du projet Bagré vise l'intensification l'amélioration du système d'élevage pratiqué actuellement sur le site, afin d'améliorer sa productivité et d'atténuer au mieux les conflits entre les agriculteurs et les éleveurs.

Ce volet concerne l'élevage intensif dans les plaines aménagées telles que le probable pratique de l'élevage intensif sur les parcelles réservées à l'agrobusiness, et du type semi-intensif dans la zone pastorale de Tcherbo-Doubégué en rive gauche en amont du barrage. Cette zone a été identifiée dès 1985 par les services de l'élevage comme un espace à vocation pastorale. Elle est inscrite comme zone pastorale (7 125 ha) en 1988 au même titre que celle de Niassa (6 386 ha) en rive droite en amont du barrage (MOB, 2003).

La zone pastorale de Tcherbo-Doubégué a connu la matérialisation physique de ses limites en avril 2000. Elle est limitée par les champs de brousse des riziculteurs et une zone-tampon d'environ 850 metres. A l'interieur de cette zone-tampon est prévu un pare-feu de 365 mètres non encore réalisé. Deux types de bornes ont permis la matérialisation physique de la limite de la zone pour une distance périmétrale de 34 kilomètres de long : des bornes principales espacées d'un kilomètre l'une de l'autre et des bornes secondaires qui se situent à chaque 500 mètres de la borne principale.

Quatre campements sont installés dans la zone et ont accueilli les éleveurs de Bagré, de Lenga, de Dierma, de Gomboussougou, etc. La mise en place de la zone pastorale de Techerbo-Doubégué a entrainé le déguerpissement d'agriculteurs (dont 367 à Doubégué et 807 à Tcherbo) qui ont été réinstallés dans les villages des périmètres rizicoles (MOB, 2003).

Dans le cadre de l'installation des éleveurs et de l'intensification du secteur, Techerbo-Doubégué a bénéficié d'un parc de vaccination, de dix forages à motricité humaine (dont six à Doubégué et quatre à Tcherbo), de deux puits à grand diamètre et d'une école à trois classes. Il est prévu l'installation d'un service vétérinaire dans la zone et pour cela un logement pour agent vétérinaire, une pharmacie vétérinaire et un magasin de stockage de sous-produits agro-industriels (SPAI) ont été construits. Dans la zone pastorale de Tcherbo-Doubégué, les activités d'élevage concernent l'embouche bovine et ovine, l'élevage des animaux de trait, la production laitière et la transformation du lait, la production de cultures fourragères et l'utilisation des sous-produits agricoles. Les effectifs de cheptel au recensement de 2007 réalisé par la MOB dans les zones pastorales se repartissent comme suit : 12 464 têtes de bovins, 7 919 têtes d'ovins, 6 134 têtes de caprins, et 262 têtes d'asins (MOB, 2008).

Les atouts majeurs dans le domaine de l'élevage sont l'importance du cheptel, des ressources fourragères, de l'existence des zones pastorales et de l'accessibilité des marchés. Outre l'élevage de bovins naisseurs, on note l'importance de celui des bœufs de trait dont l'effectif s'accroîtra avec les exploitations rizicoles.

L'accroissement des effectifs se fait par l'augmentation interne des troupeaux qui profitent d'une régénération perceptible du couvert végétal de la zone. Par ailleurs, la proximité des marchés de bétail facilite l'écoulement des animaux. Cette situation de rente est renforcée par la position frontalière de la zone avec les pays consommateurs tels le Togo et le Ghana.

Des éleveurs questionnés sur le site de Tcherbo-Doubégué, 92% reconnaissent être dans la zone à cause de ses potentialités. 8% évoquent leur âge pour expliquer leur sédentarisation et l'intensification de l'élevage au détriment de la transhumance.

Au-delà des avantages offerts par la zone pastorale, les entretiens et les enquêtes ont révélé que les acteurs sont conscients que leurs pratiques ont souvent des répercussions sur l'environnement, à travers la recherche de pâturage aérien par la coupe des arbres et arbustes (reconnu par 60% des éleveurs) et le piétinement du bétail qui peut être une des causes de l'érosion hydrique et donc de l'envasement du lac (évoqué par 40% des enquêtés).

Pour les acteurs, malgré l'accompagnement de l'autorité des aménagements de Bagré, des difficultés existent et entravent la bonne marche de l'activité. Il s'agit principalement de l'utilisation de cette zone comme réserve de bois énergie et de bois d'œuvre par les populations environnantes et de l'extension du maraîchage le long des berges du plan d'eau dans la zone pastorale. Cette dernière situation empêche souvent l'accès du plan d'eau pour l'abreuvement des animaux et des inquiétudes par rapport à la santé du bétail à cause de l'utilisation de divers produits chimiques par les maraîchers.

2.5. La production d'électricité de la centrale hydro-électrique de Bagré

L'électricité de la centrale de Bagré est l'une des principales sources d'énergie électrique du pays (Photo 1). En effet, avec une production de 79,211 GWh en 2007, elle a permis de satisfaire 15 % de la demande du centre régional de consommation de Ouagadougou, qui couvre les régions du Centre-Est (Bagré, Tenkodogo, Sorgo, Garango) et de l'Est (Kompienga).

La production de Bagré est fonction du niveau de remplissage du lac, donc de la pluviométrie dans le bassin versant. Mais les objectifs initiaux ont été atteints, puisque la production annuelle est bien supérieure à la production souhaitée qui est de 44 GW par an, bien que cette production soit variable d'une année à l'autre (79,2 GW en 2007, 59,6 GW en 2006 contre 20,73 en 2001).

Prise de vue : Yanogo, avril 2009

Photo 1 : Vue de la centrale hydro-électrique de Bagré

Ainsi, la période d'octobre-novembre enregistre généralement une forte production d'électricité et consécutivement une forte consommation d'eau. C'est également la période de remplissage maximal de la cuvette.

2.6. L'éco-tourisme

1.6.1. Le centre éco-touristique

Au niveau du tourisme, il a été réalisé un Centre Eco-touristique sur financement de la Mission Technique de Taiwan dont l'inauguration a eu lieu le 06 juin 2009. Le Centre Eco-touristique de Bagré (CEB) vise le développement d'activités touristiques dans la zone, par la création d'infrastructures éducatives, récréatives et de loisirs. Il dispose de vingt huit villas d'une capacité de 105 lits, d'une grande salle de conférence devant servir aux rencontres, conférences, ateliers et séminaires de travail, d'une boutique d'art pour la promotion de l'artisanat et de la culture au niveau local, régional et national. Il est aussi doté d'une plage continentale (Photo 2), d'une paillote bar-restaurant, d'une piscine.

Prise de vue : Yanogo, avril 2009

Photo 2 : La plage continentale du Centre Eco-touristique de Bagré

Des réalisations complémentaires à savoir : une pépinière, un arboretum, un aquarium géant, un parc animalier et enfin un centre médical équipé seront effectuées pour permettre au centre de répondre pleinement à ses objectifs.

Ainsi, on escompte que le CEB soit à terme un puissant levier du développement local en drainant dans la zone, de nombreux touristes tant nationaux qu'étrangers.

Ce Centre Eco-touristique offre à la zone de Bagré d'énormes potentialités touristiques.

2.6.2. Le tourisme de vision

L'existence du plan d'eau crée plusieurs opportunités pour le développement de la faune, surtout les hippopotames qui sont les animaux les plus étudiés de la zone, du fait de leur impact sur les cultures principalement. Avant la construction du barrage, ceux-ci se situaient uniquement dans la mare de Woozi à Lenga. Leur effectif était alors de 13 individus. Depuis la construction du barrage, la population d'hippopotames a bénéficié de l'augmentation de l'espace et de la nourriture, ce qui a permis une reproduction des individus et un accroissement important de la population. En 2004, il en a été recensé 65. Selon une projection, il devrait y en avoir environ 90 en 2008 et près de 150 d'ici à 2014 (Saley, 2005).

De plus, un refuge local d'hippopotames a été créé. Ce refuge se trouve dans le département de Gomboussougou, province du Zoundwéogo. Il couvre une superficie d'environ 3 000 hectares. Outre les hippopotames, diverses espèces fauniques sont présentes dans ce parc. Les espèces présentes dans ce refuge sont protégées.

Le recul de la faune sauvage s'était déjà fait ressentir sous l'effet de la colonisation par les éleveurs et les agriculteurs avant la construction du barrage. La mise en eau du lac a accentué cet effet, même si les oiseaux d'eau ont pu se développer ; de même que les hippopotames (Photo 3) qui se concentraient dans le plan d'eau et les crocodiles qui avaient pratiquement disparu.

L'augmentation de la population d'hippopotames résulte de l'agrandissement de leur espace vital, grâce à la mise en eau du barrage, et également de l'augmentation des aliments pour la faune.

Prise de vue : Yanogo, 2010

Photo 3 : Un hippopotame sur les berges de Lenga

A l'instar du refuge d'hippopotames de la rive droite, un autre d'une superficie de 3 800 ha a été créé en rive gauche par le Projet de Développement Rural du Boulgou (PDR/B). Ce refuge a le même statut de protection que celui de la rive droite, c'est à dire une aire protégée de type classique qui privilégie le tourisme de vision.

Au-delà des activités créées et conduites sous la supervision de l'autorité de mise en valeur de la zone de Bagré, d'autres activités sont menées surtout en amont du barrage, sur l'initiative des populations locales. Ce sont les activités dites informelles ou « hors projet ».

3. Les activités « hors projet »

La mise en eau du barrage a engendré des opportunités que les populations ont su exploiter pour compenser tant soit peu les pertes ci-dessus décrites. Ainsi, contre toute attente, les riverains se sont organisés pour l'exercice d'activités liées à l'exploitation de l'eau et non encore prises en compte, ni dans la zone de concentration des activités du projet Bagré, ni dans la série des activités à promouvoir et à accompagner. Ce sont les activités dites informelles ou « hors projet » ; il s'agit du maraîchage et des cultures de décrue.

3.1. Les cultures de décrue à Lenga

Ancienne méthode d'exploitation des potentialités hydro-agricoles du fleuve, la culture de décrue reste répandue à Lenga où les conditions se prêtent à son extension. Le long du plan d'eau, la culture de décrue est une spécialité du village de Lenga et de ses environs. Bien que antérieure à la mise en eau du barrage, elle a connu un développement particulier avec l'occupation des terres de culture par les eaux. En effet, elle était pratiquée sur de petites superficies sur les berges du Nakanbé avec pour spéculations principales le niébé (Photo 4) et le maïs.

Prise de vue : Yanogo, février 2006

Photo 4 : Du niébé récolté d'une parcelle exploitée en culture de décrue à Lenga

La culture de décrue ne demande pas de gros équipements et mobilise peu de main d'œuvre du fait de l'exiguïté des superficies emblavées. Avec le plan d'eau de Bagré et l'inondation des aires de culture, les populations de Lenga ont perdu la majeure partie des terres de cultures pluviales. Cette perte, accentuée par les fluctuations des eaux, a amené les populations à un réaménagement du calendrier agricole pour maximiser l'exploitation des terres disponibles.

3.1.1. La campagne de production de décrue

Dès la fin de la saison des pluies, les paysans suivent le retrait de l'eau pour emblaver progressivement les terres libérées et mettre des productions à cycle court (Photo 5). Les premiers semis débutent entre décembre et janvier à cause de la présence des eaux sur les superficies à exploiter. Mais après les semis, le retrait des eaux devient rapide à cause du début de la campagne sèche de la production du riz, du turbinage pour la production d'hydroélectricité et de l'évaporation du plan d'eau due à l'élévation des températures. Pour bénéficier au mieux des potentialités offertes par le plan d'eau, les acteurs mobilisent la main d'œuvre nécessaire pour profiter à temps de l'humidité des terres. Ce qui est loin de constituer un problème car la période de décrue correspond à la saison sèche où les activités agricoles ne sont pas intenses.

Une diversification des spéculations est menée sur les espaces de culture de décrue. Initialement pratiquée pour la culture du niébé, l'agriculture de décrue associe de nos jours la pastèque, le tabac, l'arachide, etc.

Prise de vue : Yanogo, avril 2010

Photo 5 : Un champ d'arachide en culture de décrue à Lenga

3.1.2 La campagne de production : la pré-crue

Elle est essentiellement axée sur la production de maïs. Cette production intervient dès les premières pluies. Le principe consiste en l'exploitation des terres inondées par la remontée des eaux.

L'introduction du maïs dans les systèmes de production de saison sèche a été initiée par le Programme Petite Irrigation Villageoise en 2001. C'est une politique nationale qui a pour objectif l'emploi du monde paysan durant la saison morte. Mais la Petite Irrigation Villageoise à Lenga diffère de celle appliquée dans les autres contrées. En effet, les techniques de production sont les mêmes mais l'irrigation n'est pas immédiate car Lenga exploite plutôt les conditions favorables des terres suite à la remontée des eaux, du plan d'eau de Bagré, dès les premières pluies. Ainsi, le maïs de variété précoce et certifiée est semé sur les terres susceptibles d'être inondées par la montée des eaux.

Cette variété qui a un cycle de deux mois est récoltée avant l'immersion du terrain par la crue.

Après l'inondation des champs de décrue, les producteurs s'adonnent à l'agriculture pluviale. Ce qui permet de dire que les terres sont judicieusement exploitées à Lenga et de multiples récoltes sont possibles dans une même campagne agricole. Ce changement des pratiques culturales est dicté par le mouvement des eaux du barrage :

- abandon des terres inondables pendant la saison pluvieuse pour l'agriculture pluviale sur les hautes terres ;
- retour sur les berges du lac pour la première culture de contre saison avec la production du niébé, de la pastèque, et

souvent de cultures maraîchères (oignon, laitue, tomate, etc. le long des affluents du Nakanbé et les bas-fonds);

- réutilisation de ces terres pour la production de maïs dès les premiers mois de la saison pluvieuse pour profiter de la remontée d'humidité avant la prochaine crue : culture de pré-crue (Photo 6).

Prise de vue : Yanogo, avril 2009

Photo 6: Des terres préparées pour la campagne de culture de pré-crue à Lenga

Le village de Lenga, au lieu d'une production pluviale uniquement, multiplie l'exploitation des potentialités de son terroir et fait une double production complémentaire pendant la période sèche.

Cette exploitation de décrue est loin d'être aisée, car elle se fait sur les berges du lac, constituées de terres argileuses difficiles à travailler. L'utilisation d'outils plus perfectionnés que la daba traditionnelle devient nécessaire. Aussi recourt-on à des charrues pour le labour.

Outre l'utilisation de semences améliorées et d'un équipement mécanisé, l'utilisation d'engrais chimiques (NPK et urée) et de pesticides est répandue.

Les principales productions céréalières de décrue (maïs, niébé) sont gérées comme la production pluviale. La vente de la récolte ne se fait qu'après la satisfaction des besoins de consommation familiale, ou dans une situation de contrainte majeure.

Par contre, les récoltes de pastèque, d'arachide ou de tabac sont destinées à la commercialisation. L'écoulement se fait principalement sur le marché de Lenga, mais ces produits de récolte prennent surtout de la valeur si elles sont vendues sur les marchés locaux (Béguedo, Garango) et dans d'autres localités telles Boussouma, Zigla et Torla.

Les productions de décrue sont un atout de taille pour leur expansion. En effet, elles sont mises sur le marché pendant les périodes de pénurie pour ce qui concerne le niébé et le maïs, à un moment où la demande est supérieure à l'offre.

La mise sur le marché de nouveaux produits en période sèche donne une valeur marchande supérieure à celle des produits de l'agriculture pluviale et procure des revenus non négligeables aux producteurs.

Malgré tout, les acteurs de la production de décrue évoquent plusieurs difficultés liées à leur activité. L'une des principales difficultés réside dans la divagation des animaux. Leur activité se déroulant en saison sèche, ils sont obligés de clôturer leurs champs avec des haies mortes quand l'usage des haies vives n'est pas possible (Photo 7). De plus, les conflits avec les pasteurs sont en pleine recrudescence car l'accroissement des superficies emblavées pour la décrue se fait au détriment des zones de pâture.

Prise de vue : Zoungrana, avril 2009

Photo 7:Une haie morte pour la clôture d'un champ d'arachide de décrue

Le prix élevé des intrants agricoles constitue une autre difficulté. Sur les sites de Lenga, les engrais, les pesticides et les semences améliorées sont obligatoires pour espérer un bon rendement. Suivant les informations recueillies lors de l'entretien avec les acteurs, le coût des intrants agricoles (engrais, fumure organique, pesticides etc.) est élevé. Vu que la décrue n'est pas avalisée par les services techniques de l'agriculture, pour des raisons de protection de berges et de pollution de l'environnement, les producteurs ne reçoivent pas les subventions d'engrais et de semences améliorées initiées par le gouvernement depuis deux ans. En effet, cette activité est menée dans la zone de servitude du plan d'eau et c'est une activité non cautionnée par l'autorité. Alors les acteurs sont obligés de se procurer les intrants au prix réel du marché, soit environ 500 F CFA pour un kilogramme de semence améliorée et 25 000 à 19 000 FCFA pour le sac de 50 kilogrammes d'urée ou de NPK.

En effet, les enquêtes relèvent que 54% des producteurs de décrue sont conscients que leur activité est préjudiciable à l'environnement, car elle est menée dans la zone de mise en défens pour la protection du plan d'eau ; ce qui est une source d'envasement du plan d'eau.

Le flux et le reflux des eaux du lac Bagré, fondement de toute la logique des cultures de décrue, pose très souvent des difficultés pour les acteurs. Pour la décrue, le retrait précipité des eaux met la production en danger à cause de l'assèchement précoce des terres dû à la forte chaleur qui ne permet pas à la production d'atteindre sa maturité. Dans ce cas, cette production est utilisée comme fourrage.

Particulièrement pour la culture de pré-crue, le reflux rapide des eaux entraine souvent l'inondation des parcelles, affectant ainsi la production.

En dépit de ces difficultés, les acteurs reconnaissent que la culture de décrue leur permet de compléter la production pluviale qui est toujours déficitaire à cause de la pression foncière et de l'influence de la variabilité des paramètres climatiques.

3.2. Le maraîchage à Niaogho

Le maraîchage est une activité très ancienne dans la zone, surtout à Niaogho. Activité étroitement liée aux crues du Nakanbé, elle a été longtemps dominée par les légumes traditionnels et la culture du calebassier, bien avant l'introduction de la culture de l'oignon qui tend à les supplanter progressivement en raison de sa valeur marchande. La culture de l'oignon a bouleversé la production maraîchère le long du Nakanbé, particulièrement dans les localités de Niaogho et de Béguedo. La production nécessite la mise en place de planches pour les pépinières et les semis. L'irrigation se fait par prélèvement direct des eaux du fleuve avec des gourdes. Cette culture de l'oignon révolutionne le système de production, par l'allongement du calendrier cultural et la modification du système de culture (Yaméogo, 2006).

Selon les informations recueillies sur le site maraîcher de Niaogho par le biais des entretiens et des enquêtes, dès la fin des récoltes, les propriétaires terriens profitent de l'humidité des berges pour la culture de l'oignon et de la calebasse. Puis de février à mi mai, la chaleur ne permettant plus la culture du calebassier, les terres sont prêtées aux autres lignages pour la culture des oignons en deuxième campagne.

Par la suite, d'autres spéculations modernes ont été introduites dans la zone. Il s'agit entre autres de la laitue, de l'aubergine, de la tomate, du chou et de la carotte. Cette configuration de l'exploitation des potentialités hydro-agricoles a ainsi évolué jusqu'à la construction du barrage qui va bouleverser les conditions d'accès aux ressources foncières et hydrauliques. Niaogho connaissait déjà la pression foncière le long des berges du Nakanbé. Le barrage et le stockage des eaux ont englouti les anciennes terres de production maraîchère en amont. Cependant, cette situation a créé des possibilités de production sur d'autres terres, avec une nouvelle structuration de l'espace et la possibilité de réaliser trois campagnes de production maraîchère. L'activité maraîchère n'est plus circonscrite à un terroir fixe et délimité, mais les aires de production évoluent au rythme de la fluctuation des eaux.

Bien que la taille des superficies exploitables se soit accrue, leur disponibilité est échelonnée dans le temps malgré une amélioration du système d'irrigation des périmètres maraîchers. L'irrigation des champs sur la berge est facilitée par la proximité de l'eau. Pour pallier le retrait de l'eau, les maraîchers réalisent des canaux d'amener. Ainsi, lorsque la parcelle à irriguer est située loin de la rive, les maraîchers creusent des rigoles pour canaliser l'eau vers les planches.

En plus de ce système d'irrigation, le matériel pour l'arrosage connaît des changements avec l'introduction de l'arrosoir, des pompes « Nafa » et de la motopompe. Les gourdes qui constituaient le principal outil d'arrosage ont une faible capacité (entre 2 et 4 litres) et cela augmente le nombre de navettes entre le réservoir d'eau et le point d'arrosage (Photo 8).

Prise de vue : Yanogo, Avril 2009

Photo 8 : Une gourde, principal outil d'arrosage sur les périmètres maraîchers de Niaogho

En effet, les récipients de base sont constitués d'une grande gourde ou d'un seau pour puiser et transporter, et d'une plus petite mais perforée qui permet de disperser l'eau en gouttelettes sur les planches.

Cependant, les outils modernes (arrosoirs), de par leur plus grande contenance (10 à 20 litres), facilitent le travail des exploitants. En plus, l'acquisition des gourdes devient difficile d'autant plus que la calebasse n'est plus cultivée en quantité dans le village. La pompe Nafa (Photo 9) et la motopompe dispensent de creuser des rigoles ou d'effectuer de multiples navettes. Elles sont équipées d'un système de tuyauterie permettant de refouler l'eau sur une distance d'environ 50 m. Il est alors possible d'exploiter, pendant une longue période, des parcelles émergées après l'arrêt des pluies et le retrait des eaux. Ces nouveaux équipements permettent aussi de réduire de ce fait la pression sur les berges immédiates libérées par les eaux.

Prise de vue : Yanogo, février 2006

Photo 9 : Une pompe « Nafa », outil moderne pour l'irrigation à Niaogho

Sur les rives du lac à Niaogho, les périmètres maraîchers sont dominés par les femmes et les enfants. Cette proportion de femmes sur les périmètres n'est que le résultat d'une répartition des tâches. En effet, selon les pratiques de la gestion traditionnelle du foncier dans le milieu d'étude, la femme n'est pas propriétaire des terres. Pour accéder aux parcelles de culture, elles sont obligées d'aider les hommes dans l'arrosage de leurs périmètres afin d'acquérir en contre partie un terrain à exploiter. Cependant, tous les travaux d'aménagement des parcelles sont assurés par les hommes. Ainsi, les femmes, plus présentes sur les périmètres, assurent en plus des activités domestiques, certaines activités de maraîchage en saison sèche. Pendant la période pluvieuse, elles sont aussi bien sollicitées pour les travaux champêtres que pour les tâches domestiques. Elles ne disposent pas de beaucoup de temps de repos et cela affecte leur santé.

Avec l'organisation du travail, le potentiel hydraulique existant et l'évolution de la disponibilité des terres, due au retrait progressif des eaux pendant toute la saison sèche, trois récoltes de contre saison sont possibles. Le calendrier agricole commence après la fin des travaux champêtres, en mi-octobre, avec la mise en pépinière. En novembre commence la préparation des jardins et le repiquage des plants. Tout au long des deux mois qui suivront (durée du cycle végétatif des produits maraîchers), le paysan entretient son jardin : binage, fumure, arrosage, traitement phytosanitaire jusqu'à la maturité des cultures. Les premières récoltes ont lieu entre fin janvier et début février.

Juste après cette première campagne, une deuxième s'engage jusqu'à fin avril. La place est laissée à la troisième campagne maraîchère qui finit au début du mois de juin, juste pour permettre d'enchainer avec l'agriculture sous pluies.

Tous les producteurs ne sont pas capables d'enchaîner les trois campagnes maraîchères. En effet, les contraintes posées par le reflux des eaux et la pression sur les terres exploitables réduisent le nombre de producteurs pour la première campagne. Le plus grand nombre de producteurs est enregistré durant la deuxième campagne au cours de laquelle le retrait de l'eau libère d'importantes superficies. Le nombre des maraîchers pour la troisième campagne de production est similaire à celui de la première. En effet, les berges immédiates sont facilement exploitables. Eu égard au faible taux d'équipement des producteurs en pompes Nafa et motopompes, seuls les propriétaires terriens des abords du plan d'eau font cette dernière campagne. Cela, à cause de la faible disponibilité des terres exploitables sur les berges.

L'irrégularité interannuelle des apports d'eau dans le barrage et la variation annuelle des quantités d'eau prélevées par les activités en aval influent sur la disponibilité des superficies exploitables. Ainsi, suivant les années, les superficies allouées à l'activité maraîchère varient en fonction des espaces libérés par le retrait des eaux. La production par campagne dépend donc de ces paramètres. En effet, seuls les produits de la première et de la troisième campagne procurent de bons revenus car, en ces périodes la demande est supérieure à l'offre sur le marché. A la deuxième campagne, on note une augmentation des superficies exploitées et des conditions climatiques favorables au maraîchage. Il en résulte de bons rendements et beaucoup de productions sur le marché avec pour conséquence la mévente et la détérioration des produits fragiles. Cette situation s'explique par la faible maîtrise des techniques de conservation des produits maraîchers, surtout de l'oignon qui est la principale spéculation sur les sites de Niaogho.

L'expérience dans la pratique de l'activité influence aussi le rendement des exploitants. Pour l'écoulement, la production est mesurée soit par caisse pour la tomate (200kg), soit par sac de 100 kg pour les autres produits.

L'écoulement de la production se fait pour l'essentiel sur le marché de Béguedo qui est un centre de collecte et d'acheminement de la production vers les marchés de Garango, Tenkodogo et même vers les pays voisins dont le Ghana et le Togo. Les pays suscités ont une vieille relation commerciale avec la localité pour les produits maraîchers et d'élevage.

L'usage de semences améliorées et des intrants sont entrés en vigueur dans la production maraîchère avec l'avènement du plan d'eau. La maîtrise du calendrier de production a permis l'effectivité de trois campagnes maraîchères suivant le retrait de l'eau du barrage. L'évolution des techniques culturales et des outils ont aussi permis une diversification de la production. Cette activité souffre néanmoins de problèmes de mévente liée à la braderie des produits en pleine campagne, faute de techniques de conservation.

Ces cas de mévente ont des répercussions sur les revenus générés par le maraîchage.

Outre les difficultés de conservation et d'écoulement, les acteurs évoquent l'impact de leur activité sur l'environnement comme une menace réelle à la pérennité des campagnes de contre saison. 94% d'entre eux reconnaissent la part de leurs actions sur la détérioration des berges du plan d'eau.

En somme, la production maraîchère a connu une évolution fulgurante dans la localité de Niaogho. Ancienne activité avant la mise en eau du barrage, elle s'est développée avec l'exploitation de nouvelles potentialités hydro-agricoles de la zone.

Cependant, cette activité est étroitement liée à la disponibilité en eau du plan d'eau et cette disponibilité est fonction du climat de la zone qui est aussi variable.

Conclusion partielle

Le milieu d'étude présente des conditions physiques qui lui confèrent une vocation agro-sylvo-pastorale. Cette situation est influencée par la pression foncière et l'utilisation croissante des ressources naturelles. Le lac Bagré offre des possibilités de développement rural du fait des multiples opportunités. Ces potentialités se déclinent à travers l'intensification de la production agricole à travers l'irrigation, l'intensification de l'élevage grâce à la zone pastorale, l'exploitation du potentiel halieutique, l'hydroélectricité, le tourisme écologique, etc.

Ces différentes activités, promues par la mobilisation de la ressource en eau, sont plus au moins influencées par les paramètres climatiques à travers leur dynamisme.

Au-delà des variations des paramètres pris individuellement, leur combinaison est parfois à l'origine de phénomènes, dits extrêmes du climat. C'est le cas des grands orages, des poches de sécheresses en saison pluvieuse, des vents de sable et des températures extrêmes rencontrées certains jours dans le milieu d'étude. Ces situations extrêmes sont des phénomènes qui marquent le plus la conscience des acteurs sur les sites d'étude.

TROISIEME PARTIE : ALEAS CLIMATIQUES ET STRATEGIES LOCALES D'ADAPTATION

« Tout milieu géographique, terrestre ou océanique de surface, baigne dans l'atmosphère et subit des variations saisonnières de température, d'humidité, d'électricité statique, etc. auxquelles on donne le nom de climat » (Demangeot, 1976).

Cette troisième partie analyse à travers son premier chapitre l'évolution des paramètres climatiques et des phénomènes climatiques extrêmes de la série 1969 - 2008. Egalement la compréhension du climat et de ses manifestations dans le milieu d'étude sont évoquées par les acteurs locaux dans ce chapitre.

Le deuxième chapitre de cette partie expose les stratégies mises en œuvre par les acteurs pour pallier les conséquences négatives des aléas climatiques et exploiter les opportunités qu'elles offrent pour l'amélioration de la production et de leurs conditions de vie.

Chapitre V : LE CONSTAT SCIENTIFIQUE DE LA VARIATION DU CLIMAT ET LA LECTURE EMPIRIQUE DES ALEAS CLIMATIQUES

1. Le constat scientifique de la variation du climat

Le climat du Burkina Faso s'intègre, du point de vue de la dynamique atmosphérique, dans l'ensemble climatique ouest-africain. La circulation atmosphérique se caractérise par l'alternance saisonnière de vents de deux directions opposées : les alizés de secteur nord-est et la mousson de sud-ouest qui convergent le long de l'Equateur météorologique, formant la Zone de Convergence Inter-Tropicale (ZCIT) (Dipama, 1997).

Trois principaux centres d'action règlent la circulation atmosphérique en Afrique de l'Ouest et sur la zone de Bagré : l'anticyclone des Açores, celui de Sainte-Hélène et l'anticyclone égypto-libyen (Boko, 1988 ; Vissin, 2007) :

> ➢ l'anticyclone des Açores a une position moyenne voisine au sol de 30°Ouest et de 50°Ouest en altitude. Il occupe, en surface, une position moyenne de 35°Nord en janvier et de 40°Nord en juillet, tandis qu'en altitude (700 hPa) il se situe par 15°Nord en janvier et 27°Nord en juillet (Vissin, 2007). Il dirige l'alizé maritime vers l'ouest de l'Afrique ;

> ➢ l'anticyclone de Sainte-Hélène, plus stable que le précédent, a une position longitudinale moyenne proche de 10°Ouest au sol et de 25°Ouest en altitude. En latitude, sa position en surface se situe sur 30°Sud en janvier et sur 28°Sud en juillet, tandis qu'en altitude (700 hPa), il se situe par 17°Sud en janvier et 12°Sud en juillet. Il commande sur l'Afrique de l'Ouest le flux de mousson ;

142

➢ l'anticyclone Egypto-Libyen est un centre d'action continentale et thermodynamique. Généralement centré sur 15°Est, ses variations méridiennes sont limitées aux latitudes 20° et 25°Nord. En saison sèche, il est responsable de l'alizé continental sec, l'harmattan, dont l'influence se fait sentir au-delà de notre domaine d'étude. En été boréal, l'anticyclone Egypto-Libyen n'existe qu'en altitude et se trouve remplacé en surface par la dépression saharienne vers lequel confluent les flux en provenance de l'hémisphère sud.

Ce sont ces centres d'action qui déterminent la configuration isobarique en Afrique de l'Ouest. C'est de leur activité et de leur vigueur que dépendent les fluctuations de la Zone de Convergence Inter-Tropicale (Boko, 1988 ; Afouda, 1990) et des systèmes de circulation.

Cette circulation atmosphérique entraine une migration de la Zone de Convergence Intertropicale (ZCIT) suivant les saisons.

Ainsi comme l'indique la figure 16, on a :

➢ en hiver de l'hémisphère Nord, la ZCIT associée à de basses pressions occupe, en surface, une position méridionale et n'atteint pas le Burkina Faso. Toutefois, elle est toujours située dans l'hémisphère Nord entre 5° et 7° Nord. Hormis les régions côtières du Golfe de Guinée, l'Ouest Africain est alors balayé par l'alizé du nord-est ou harmattan ;

➢ de février à avril, la ZCIT migre lentement et irrégulièrement vers le nord. Cette remontée s'accélère à la fin avril et le flux de mousson du sud-ouest pénètre largement sur le continent ;

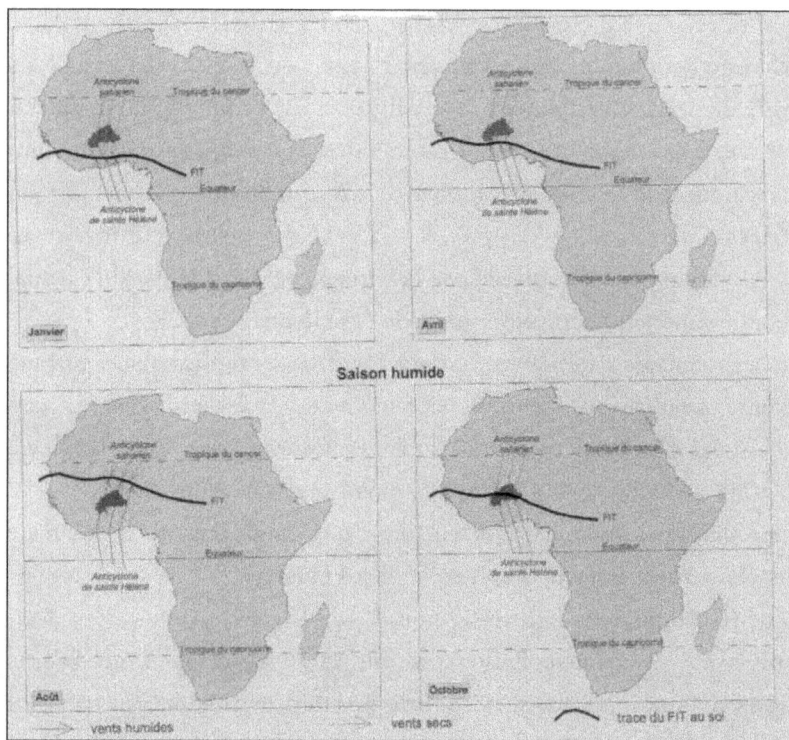

Source : Atlas du Burkina, 2002

Figure 16: Migration de la Zone de Convergence Inter-Tropicale (ZCIT)
par rapport au Burkina Faso

> de mai à juillet, la ZCIT migre vers le Sahel, atteignant les 17 et 18°
Nord ou même parvient au-delà du 20e parallèle certaines années.
La circulation de la mousson s'affirme, alors que la dépression
d'origine thermique se creuse sur le Sahara. La trace au sol du FIT
vient s'établir sur ces basses pressions, alors que l'anticyclone de
Sainte-Hélène se renforce immédiatement au sud de l'équateur et
que celui des Açores migre vers le nord-ouest ;

144

> en août, l'équateur météorologique atteint sa position la plus septentrionale vers 19°Nord en moyenne sur le continent. L'anticyclone des Açores est décalé vers le nord-ouest, tandis que la pression de l'anticyclone de Sainte-Hélène s'accentue. Les basses pressions couvrent le Sahara.

> en septembre, la ZCIT amorce son retrait vers le sud, qui est plus rapide que sa migration vers le nord, à cause de la différence thermique entre les masses océaniques et continentales.

Cette migration de la Zone de Convergence Inter-Tropicale (ZCIT) fait que le Burkina bénéficie d'un climat tropical sec de type soudanien caractérisé par l'alternance de deux saisons. De façon globale, les précipitations ouest-africaines et particulièrement celle du Burkina Faso sont étroitement liées à la présence de la mousson. Et ce mouvement de la Zone de Convergence Inter-Tropicale est le plus souvent accompagné de la variation d'autres paramètres climatiques, notamment la pluie, la température, la tension de vapeur, le vent, etc.

En effet, l'influence de la latitude est prépondérante de sorte que les précipitations et la température peuvent être considérées comme les éléments climatiques qui déterminent le faciès climatique de la région.

1.1. Une irrégularité inter-annuelle des pluies et une recrudescence des valeurs extrêmes

La zonation climatique du Burkina est basée sur la répartition spatiale de la pluviométrie annuelle notamment les deux isohyètes de pluviométrie annuelle (600mm et 900mm) qui permettent de définir trois zones climatiques (Carte 9) (Kabore, 2010). Selon la Direction de la Météorologie Nationale, les données climatologiques de 1971 à 2000 ont permis de distinguer: la zone sahélienne au nord, avec une pluviométrie annuelle inférieure à 600 mm, la zone nord-soudanienne au centre, avec une pluviométrie annuelle comprise entre 600 et 900 mm, et enfin, la zone sud-soudanienne qui est située au sud avec une pluviométrie annuelle supérieure à 900 mm.

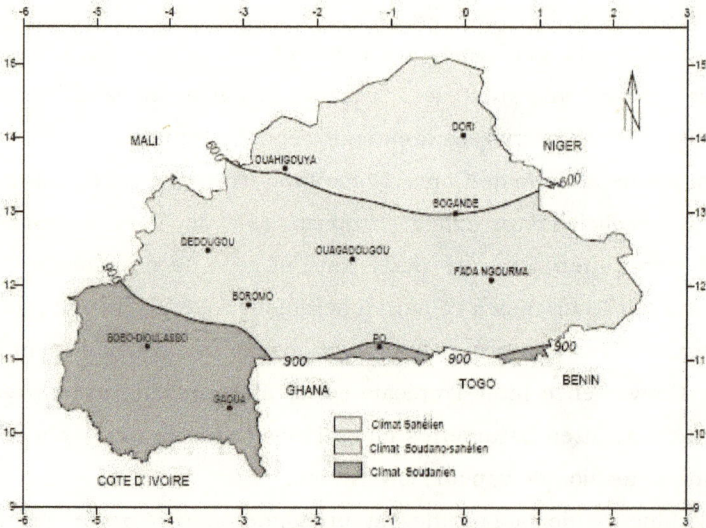

Source: Direction de la Météorologie Nationale (Burkina Faso), 2008

Carte 9: les zones climatiques du Burkina Faso entre 1971 et 2000

La pluie constitue l'un des éléments climatiques les plus importants au Burkina Faso, particulièrement dans le milieu d'étude où l'équilibre de l'environnement est très fragile. Elle se caractérise par une dégradation des valeurs du nord vers le sud du pays. Elle est également marquée par une variabilité spatiale et temporelle très forte. Ainsi, de l'extrême sud à l'extrême nord, la moyenne annuelle de pluie varie de 1200 mm vers Gaoua à 350 mm dans les environs de Dori (Direction de la Météorologie Nationale, 2009).

146

La zone de Bagré appartient au domaine tropical sec à deux saisons contrastées :

> une saison sèche, allant de novembre à mai, sous l'influence des vents d'harmattan et comprenant deux périodes : l'une sèche et fraîche de novembre à février et l'autre sèche et chaude de mars à mai ;

> une courte saison de pluies de juin à octobre, grâce à l'action des flux de mousson du sud-ouest.

Cette répartition saisonnière résulte des éléments météorologiques tels que la dynamique des masses d'air.

Le milieu d'étude se situe entre les isohyètes 900 et 1 000 mm. En suivant la moyenne pluviométrique des années 1969 à 2008, on constate que la région bénéficie en moyenne de 4 mois de pluies au plus. La saison pluvieuse s'installe généralement de mai à septembre et quelques fois de juin à octobre. Les pluies dans la zone se caractérisent en début de saison par de fortes et brèves averses. Les précipitations abondantes tombent en août (225 mm) (Figure 17).

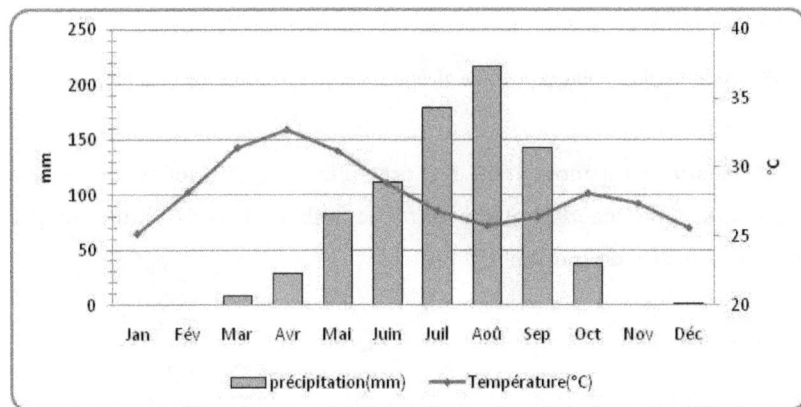

Source des données : Direction de la Météorologie Nationale (Burkina Faso), 2008

Figure 17 : Evolution des moyennes mensuelles des températures et précipitations de 1969 à 2008 à la station synoptique de Fada N'Gourma

Ces dernières années, les données de la Direction de la Météorologie Nationale indiquent un déplacement des isohyètes vers le sud, avec pour conséquence une augmentation de la variabilité inter-annuelle et la baisse du nombre de jours de pluies par an (Figure 18).

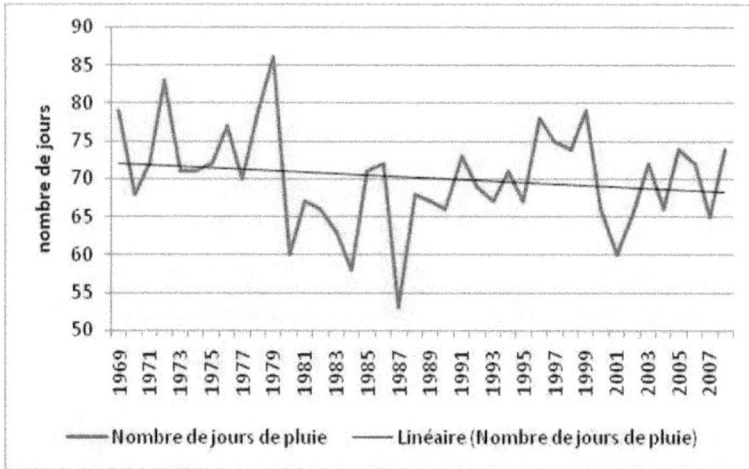

Figure 18 : Evolution du nombre de jours de pluie à la station synoptique de Fada N'Gourma de 1969 à 2008

L'examen des valeurs moyennes des précipitations annuelles de 1969 à 2008 indique une légère hausse dans le milieu d'étude, illustrée par l'aspect de la droite de tendance (Figure 19).

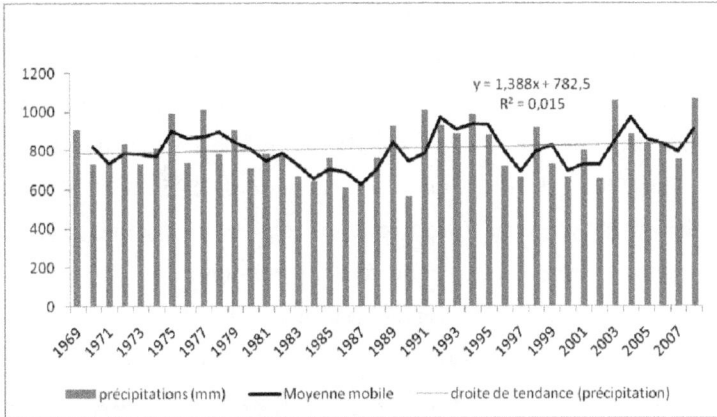

Source des données : Direction de la Météorologie Nationale (Burkina Faso), 2009

Figure 19 : Précipitations à la station synoptique de Fada N'Gourma de 1969 à 2008

Cette tendance à la reprise des précipitations, marquée par une variation inter-annuelle des pluies, est l'une des caractéristiques de la zone sahélienne. Cette irrégularité est parfois très accentuée à Bagré, avec des différences pouvant aller de 300 à presque 450 mm en deux années consécutives, environ le double des quantités de pluies reçues d'une année à l'autre. Les différences de quantités annuelles de pluie entre 1990-1991 avec 443, 5 mm; entre 2002 et 2003 avec 400,7 mm, et 2007-2008 avec 316,2 mm sont évocatrices. Cette différence inter annuelle des pluies est également constatée dans le Nord Burkinabé avec un écart de plus de 200mm entre 2003 et 2004 (Ouattara, 2007).

Ces différences inter annuelles de quantités de pluie constituent l'une des principales causes de la variation du volume des eaux du plan d'eau de Bagré et elles influent par conséquent sur la pérennité des écosystèmes aquatiques et sur le volume des apports en eau du barrage.

Les valeurs journalières de précipitation de la série de 1969 à 2008 permettent de recenser des pluies exceptionnelles. Ces extrêmes pluviométriques atteignent des valeurs de 65 à 135 mm par jour et sont surtout fréquents durant les mois de mai à septembre ; mois ayant des valeurs moyennes comprises entre 63 à 196 mm de pluies pour la même série temporelle. Ces extrêmes sont également relevés dans la station synoptique de Dori (Nord du Burkina) ; pour la série de 1955 à 2006, des pluies journalières de plus de 70mm ont été observées (Kabre, 2008). Aussi, la station synoptique de la zone de Ouagadougou dans le centre du pays a reçu en la journée du 1er septembre 2009 plus de 260 mm recueillis en 12 heures, pluviométrie jamais enregistrée depuis 1919 et habituellement mensuelle (Direction de la Météorologie Nationale, 2009). Cet état de fait n'est pas sans conséquences pour un milieu situé dans le domaine tropical sec à deux saisons et dont les pluies sont principalement des averses. Dans le milieu d'étude, les pluies journalières de plus de 50 mm sont courantes surtout ces dernières années (entre 2005 et 2008) (Figure 20). 50mm de pluie représente plus de 25% de la quantité de pluie du mois d'août qui est le mois enregistrant le plus de pluie de la série, avec 195,1mm en moyenne dans le milieu d'étude. Selon Sané (2003), les pluies supérieures à 50 mm sont considérées comme des pluies très fortes. Ces pluies représentent 18,7 % et 21,5% des quantités de précipitations recueillies respectivement à Vélingara et à Kolda (Haute-Casamance) au cours de la période 1951-2000.

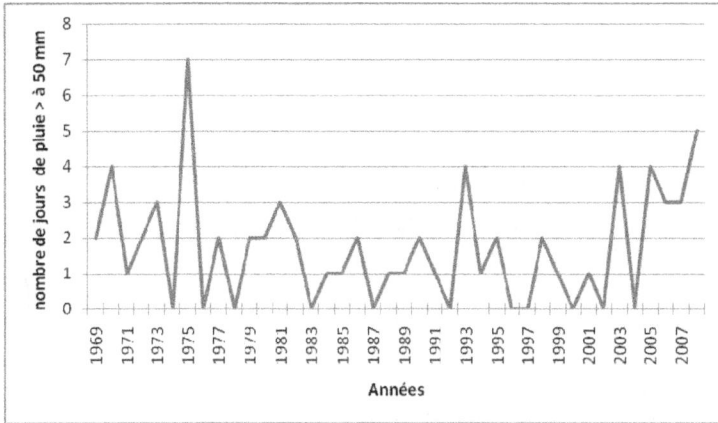

Source des données : Direction de la Météorologie Nationale (Burkina Faso), 2009

Figure 20: Nombre de jours de pluies de plus de 50 mm à la station synoptique de Fada N'Gourma de 1969 à 2008

Cette fréquence de pluies exceptionnelles entraine chaque année inondations, destruction des cultures, évacuation des crues du barrage et augmentation du nombre de sinistrés dans le milieu d'étude.

L'irrégularité inter annuelle des pluies se manifeste également avec la forte fluctuation de la date de début et de fin de la saison des pluies. Cette fluctuation de la date de début et de fin de la saison pluvieuse n'est pas une caractéristique du milieu d'étude seulement. Elle est aussi constatée aussi bien dans le Nord (Kabre, 2008 et Ouattara, 2007) que le Centre du Burkina Faso (Yaro, 2008 et Zoungrana, 2010). Dans le milieu d'étude, le décompte de la date de début de la saison en jour julien permet de déterminer une amplitude de variation de plus de plus de 60 jours pour la série allant de 1969 à 2008 (Figure 21).

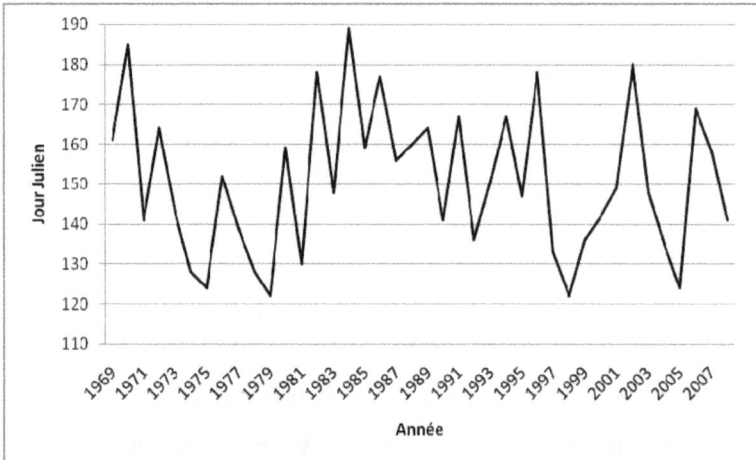

Source des données : Direction de la Météorologie Nationale (Burkina Faso), 2009

Figure 21 : Fluctuation de la date de début de saison pluvieuse dans le milieu
d'étude de 1969 à 2008

Cette fluctuation a un impact aussi bien sur le calendrier des cultures pluviales que celles de contre saison.

Comme le début de la saison, la fin de la saison pluvieuse a une date aléatoire dans le milieu d'étude. Mais pour ce paramètre, l'amplitude de variation de la date en jour julien est moins grande que celle du début de saison. Elle est de l'ordre de 17 jours.

La détermination de la date de début et de fin de saison pluvieuse en jour julien permet de définir la longueur de celle-ci.

La longueur moyenne de la saison, pour la série de 1969 à 2008 est de l'ordre de 4 mois. La plus petite valeur de 2 mois et demi a été enregistrée en 1991 et 1994. Et la plus longue saison pluvieuse de 5 mois a été enregistrée entre 1974 et 1979, en 1998 et 1999 (Figure 22). Cette fluctuation de la longueur moyenne de la saison est aussi relevée dans la partie centrale du pays avec des saisons fluctuantes entre 2 mois et demi et 3 mois (Yaro, 2008).

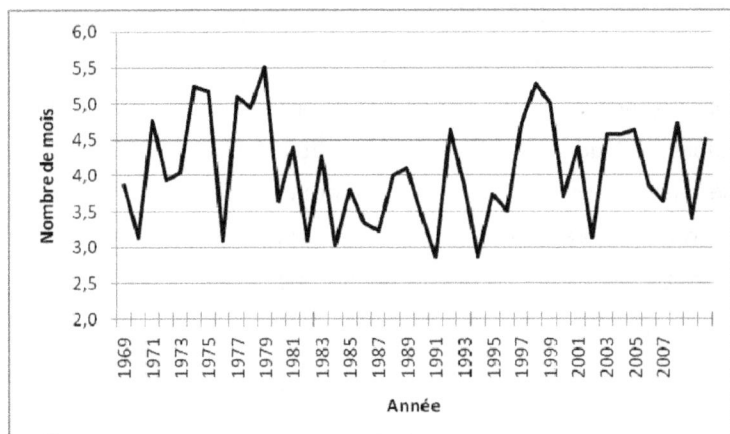

Source des données : Direction de la Météorologie Nationale (Burkina Faso), 2009

Figure 22: Evolution de la longueur de la saison pluvieuse dans le milieu d'étude de 1969 à 2008

Au delà de cette fluctuation de la longueur de la saison pluvieuse, la probabilité de séquence sèche reste élevée au cours des premiers mois de la saison pluvieuse, comme l'indique le tableau XI.

Tableaux XI: Probabilité de séquences sèches pour les mois de mai à juillet

	Probabilité de séquence sèche en %		
Mois	5 jours	7 jours	10 jours
Mai	100,00	83,33	50,00
Juin	76,67	50,00	30,00
Juillet	43,33	6,67	0,00

Source des données : Direction de la Météorologie Nationale (Burkina Faso), 2009

Ces probabilités mettent en exergue le risque encouru pour réussir la campagne agricole, car cette période de mai à juillet reste cruciale pour la réussite des activités agricoles. En effet, l'augmentation sensible des séquences sèches apparaît comme un signe manifeste de la péjoration croissante des conditions climatiques, se traduisant par des risques de déficit hydrique chez les cultures et des risques de baisse des productions et des rendements (Sané, 2003).

L'observation des moyennes des précipitations annuelles de 1969 à 2008, dans le milieu d'étude, permet de constater une évolution de la pluviométrie marquée par une succession d'années déficitaires, normales et excédentaires. Cela est parfaitement illustré par la représentation des écarts à la moyenne des précipitations (en %) en fonction de seuils (Figure 23).

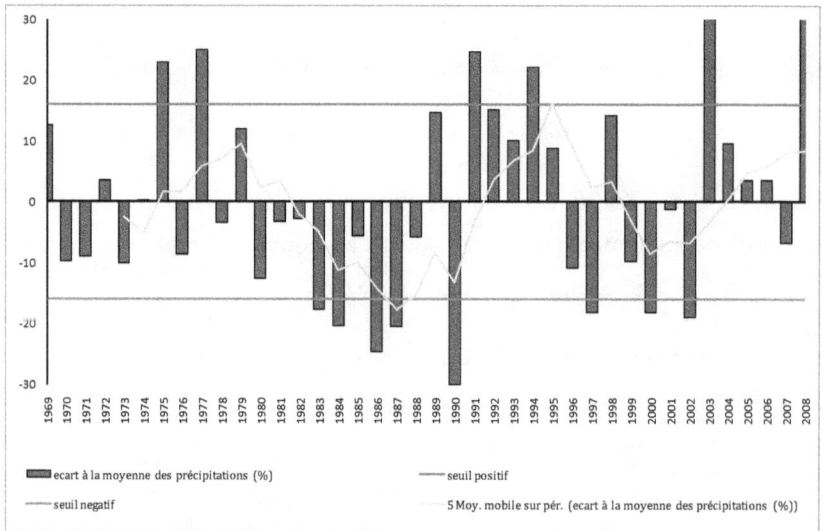

Source des données : Direction de la Météorologie Nationale, 2009

Figure 23 : Evolution des écarts à la moyenne des précipitations (en %) en fonction de seuils à la station synoptique de Fada N'Gourma de 1969 à 2008

Une telle évolution des quantités de pluie par an est l'un des grands facteurs de la variabilité climatique du milieu d'étude du fait que la précipitation reste l'un des principaux paramètres du climat dans le Sahel. Malgré ces anomalies (déficits et excédents), les précipitations oscillent autour de 800 mm. Mieux, l'évolution de la droite tendancielle des précipitations atteste de l'augmentation des volumes d'eau tombés, avec une pente positive (r = 0,015), si faible soit-elle.

1.2. Une hausse continue des températures et des extrêmes

La température est l'état énergétique de l'air se traduisant par un échauffement plus ou moins grand (George, 1984). L'état énergétique rythme la vie végétative, modifie les états de l'eau lorsque certains seuils sont franchis, impose aux êtres vivants des limites plus ou moins strictes de répartition. La température est fonction de la latitude, de l'altitude et de l'insolation. Elle varie en fonction de la région et au cours de l'année.

Les températures ont des valeurs élevées dans l'ensemble du milieu d'étude, avec une moyenne annuelle supérieure à 28°C (Figure 24). La variation saisonnière est caractérisée par deux grandes périodes dont l'une de forte chaleur (moyenne de température autour de 30°C) et l'autre avec une fraîcheur relative (moyenne de température autour de 25°C).

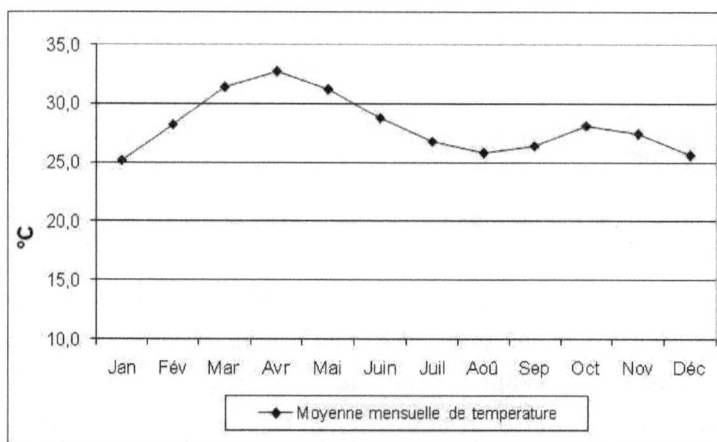

Source des données : Direction de la Météorologie Nationale, 2009

Figure 24 : Evolution des moyennes mensuelles de températures à la station synoptique de Fada N'Gourma de 1969 à 2008

La période « fraîche » s'étend de novembre à février et c'est au cours de cette période que sont menées les activités de maraîchage, la culture de décrue, et de la riziculture en campagne sèche. Elle est sous l'influence de l'alizé continental qui souffle sur tout le pays. Les plus faibles températures de cette période sont enregistrées en décembre et janvier, avec des moyennes minima respectives de 17,5 °C et 17,4°C. Pour cette même période, les moyennes de températures maximales sont respectivement de 34,2°C et 33,6°C pour la période allant de 1969 à 2008. Certaines années, les températures minimales ont été en dessous de ces moyennes avec des valeurs de 14,6°C en janvier 1971 et de 15,3°C en décembre 1970. On assiste également à une grande fluctuation des températures maximales mensuelles sur la période de 1969 à 2008. Ainsi, des moyennes maximales de 36,3°C et de 36,8°C ont été relevées respectivement en janvier 1996 et décembre 2004 bien que cette période soit fraîche.

La période de chaleur s'installe en mars et se poursuit jusqu'à la fin de l'hivernage. Les fortes températures de cette période s'observent en mars et avril. Les maxima de ces mois suivant la série de 1969 à 2008 oscillent entre 38°C et 41°C et donnent des moyennes de 39,1 en mars et 39,6 en avril, contre des minima de 23,9 °C et de 26,3 °C respectivement pour les mêmes mois.

La forte chaleur qui provoque une décomposition rapide du poisson après la capture est fortement influencée par les températures. Elles ont alors un impact sur la production halieutique. En plus, la chaleur accélère la perte des eaux utilisées pour l'irrigation par le biais du processus d'évaporation sur les périmètres de riz et de maraîchage et également sur la nappe d'eau du barrage (Zoungrana, 2002). Cette fluctuation de la nappe d'eau du barrage met l'activité de culture de décrue en difficulté certaines années.

Les moyennes mensuelles cachent des valeurs extrêmes de températures enregistrées sur la série de 1969 à 2008 dans le milieu d'étude. L'exploration des données journalières de température permet de retrouver des maxima allant de 38 à 44,5°C principalement durant les mois de mars à mai. Le nombre de jours de température maximale supérieure à 38°C pour les mois de mars, avril et mai montre que durant une bonne partie des campagnes de saison sèche, le milieu d'étude reste sous l'influence de valeurs extrêmes de températures (Figure 25)

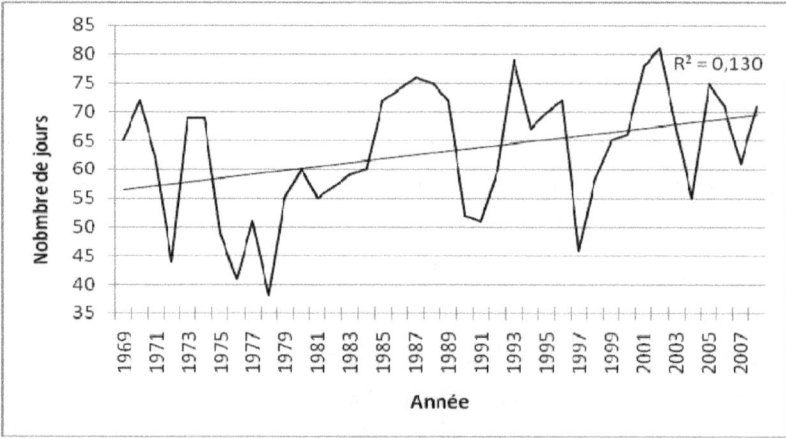

Source des données : Direction de la Météorologie Nationale, 2009

Figure 25: Evolution du nombre de jours ayant une température maximale supérieure à 38°C de mars à mai dans le milieu d'étude de 1969 à 2008

Il est également enregistré dans le milieu d'étude et pour la même série de 1969 à 2008 des températures minimales qui peuvent être considérées comme extrêmes pour un milieu soudano-sahélien (inférieur à 15°C). L'observation des températures minimales journalières a permis de déceler des minima de 10,9 à 18°C. Principalement en décembre et janvier, les minima des températures minimales fluctuent entre 10,9°C et 11°C. Pour ces deux mois, le nombre de jours ayant enregistré des températures minimales inferieures à 15°C illustre les fortes amplitudes thermiques enregistrées dans le milieu d'étude (Figure 26).

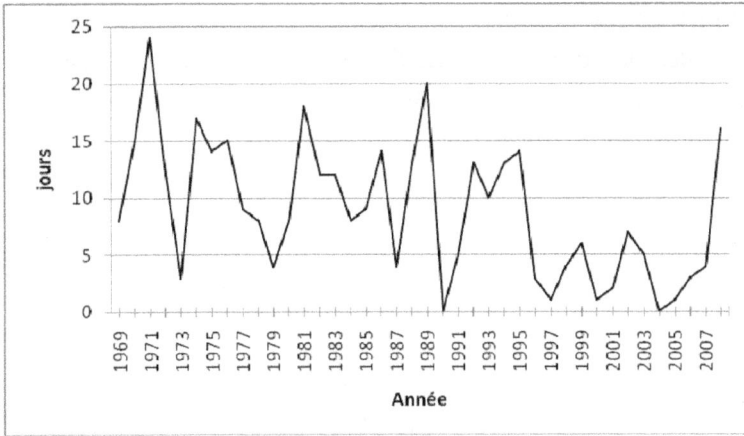

Source des données : Direction de la Météorologie Nationale, 2009

Figure 26: Nombre de jours ayant une température minimale inférieure à 15°C de décembre à janvier dans le milieu d'étude de 1969 à 2008

Toutes ces situations extrêmes ont de nombreuses répercussions sur la rentabilité des différentes activités menées dans le milieu d'étude, surtout celles de contre saison, d'élevage et de pêche. En effet, dans la zone sahélienne, les hautes températures supérieures à 37,5 °C sont préjudiciables aux cultures aussi bien pluviales que de saison sèche (Yaro, 2008). Principalement pour les cultures de contre saison, pendant que l'oignon préférerait les températures se situant entre 18°c et 35°C, les températures optimales pour la production de la tomate se situent entre 10 et 30°C, avec une croissance optimale vers 25°c. Sa fructification est interrompue par défaut de fécondation lorsque la température dépasse les 35°C (Yaro 2008).

Au-delà de cette variation mensuelle et journalière des températures, on constate une variation interannuelle de ce paramètre climatique, avec de fortes amplitudes thermiques. En effet, de 1969 à 2008, on relève une forte amplitude thermique de 13 à 14°C. Cela dénote de la variation des

159

températures au cours d'une même année et d'une année à l'autre. De façon générale, la droite de tendance montre une hausse des températures entre 1969 et 2008 (Figure 27).

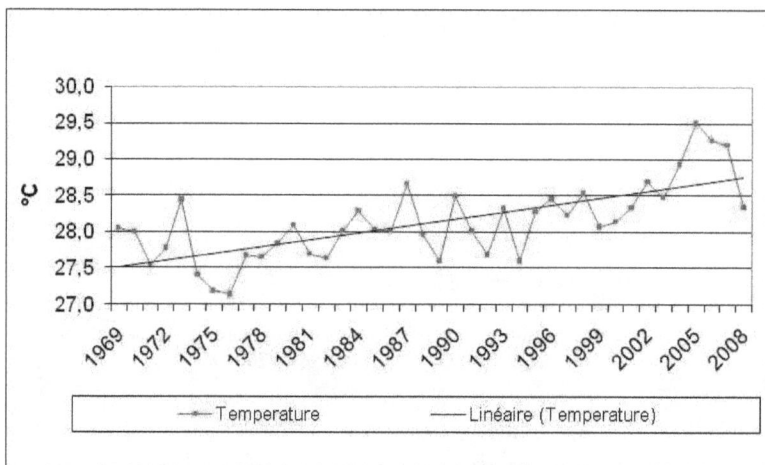

Source des données : Direction de la Météorologie Nationale, 2009

Figure 27 : Evolution des moyennes annuelles de températures de 1969 à 2008 à la station synoptique de Fada N'Gourma

Cet accroissement anormal des températures est plus perceptible quand on prend en compte les valeurs extrêmes (maxima et minima). En effet, lorsque la température dépasse le seuil optimal de température de la plante, la vitesse de développement de celle ci décroît voire s'annule (Yaro, 2008). Ce seuil optimal de température maximale ou minimale varie en fonction des plantes.

1.3. L'évapotranspiration potentielle (ETP et ETP/2)

L'évapotranspiration est la quantité d'eau totale transférée du sol vers l'atmosphère par l'évaporation au niveau du sol et par la transpiration des plantes (Penman 1948 cité par Sané, 2003). L'évapotranspiration potentielle moyenne annuelle est assez élevée et est de l'ordre de 1966 mm. Elle conditionne le cycle végétatif des plantes et varie au cours de l'année avec le maximum en mars et le minimum en août. La figure 28, donne l'évolution des moyennes mensuelles de l'ETP et ETP/2 par rapport aux moyennes mensuelles des pluviométries de 1969 à 2008 dans la station synoptique de Fada N'Gourma.

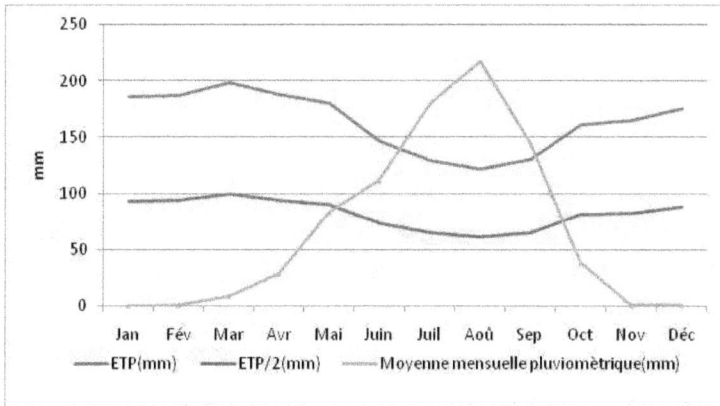

Source des données : Direction de la Météorologie Nationale, 2009

Figure 28 : Evolution des moyennes mensuelles de l'ETP et ETP/2 par rapport à celles des pluviométries de 1969 à 2008 à la station synoptique de Fada N'Gourma

Son interprétation a été faite selon la méthode de Franquin qui permet de déterminer les périodes sèches et humides. Ainsi, la saison pluvieuse a été divisée en trois périodes. Une première pendant laquelle les moyennes mensuelles de pluviométrie sont comprises entre celles de l'ETP et de l'ETP/2. C'est la période pré-humide. Cette période prépare l'entrée dans la période humide et constitue sur le plan agronomique la période favorable pour le démarrage des activités agricoles (nettoyage des champs, semis, etc.) (Dipama, 1997). Dans le milieu d'étude, elle correspond aux mois de mai et juin. Une seconde période, appelé période humide, pendant laquelle les moyennes mensuelles de quantité de pluies sont supérieures à celles de l'ETP. Cette période s'étale de juillet à septembre dans la station synoptique de Fada N'Gourma pour la série 1969 - 2008. Elle correspond à une intense activité agricole pour le monde paysan (Dipama, 1997). La dernière, la période post-humide intervient lorsque la courbe des moyennes mensuelles de pluviométrie passe en dessous de celles de l'ETP et de l'ETP/2 ; cela pendant la baisse des valeurs de pluviométrie. Elle correspond au mois d'octobre et marque ainsi la fin des cultures pluviales et la préparation des pépinières pour la culture maraichère dans le milieu d'étude.

Dans le milieu d'étude, les valeurs de l'ETP restent élevées toute l'année. Elles se situent au-dessus de 120 mm par mois. Les plus fortes valeurs sont observées en saison sèche, période pendant laquelle elles atteignent souvent 200 mm (en mars). Les plus faibles valeurs se situent en saison pluvieuse (de juin à septembre) avec la plus petite valeur en août, soit 121,7 mm. Au cours de cette période, la baisse de l'ETP est compensée par une hausse de la pluviométrie et surtout une baisse des valeurs de températures. L'évolution des moyennes mensuelles de l'ETP est similaire à celle des températures et indique de fait l'évolution en phase de ces deux paramètres (Figure 29).

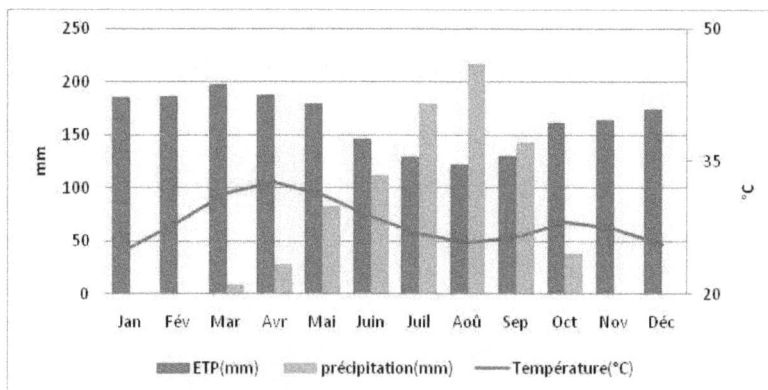

Source des données : Direction de la Météorologie Nationale, 2009

Figure 29 : Evolution des moyennes mensuelles de l'ETP, de la précipitation et de la température de 1969 à 2008 à la station synoptique de Fada N'Gourma

1.4. Une variation temporelle de l'humidité et de l'insolation

L'humidité est l'un des éléments climatiques permettant de faire des prévisions sur le temps. L'humidité fluctue selon les saisons et est fonction du régime des vents et des masses d'air associées. Comme les pluies, l'humidité relative varie du nord au sud du Burkina (Direction de la Météorologie Nationale, 2009). Cette variation spatiale est aussi ponctuée par une variation temporelle. En effet, le suivi de l'évolution annuelle de l'humidité de 1969 à 2008 à la station synoptique de référence du milieu d'étude laisse apparaître une variation inter-annuelle des valeurs de l'humidité à l'instar des quantités de pluie et des températures.

Il est ainsi enregistré la plus petite moyenne annuelle d'humidité en 1990 avec 46,75% et la plus grande des valeurs en 1978 avec 53,08%.

La droite de tendance des moyennes annuelles d'humidité relative montre une évolution à la baisse (Figure 30). Cette décroissance de l'humidité

163

peut ainsi compromettre la durabilité des activités de contre saison en général (Sinaré, 1995), et de la culture de décrue en particulier.

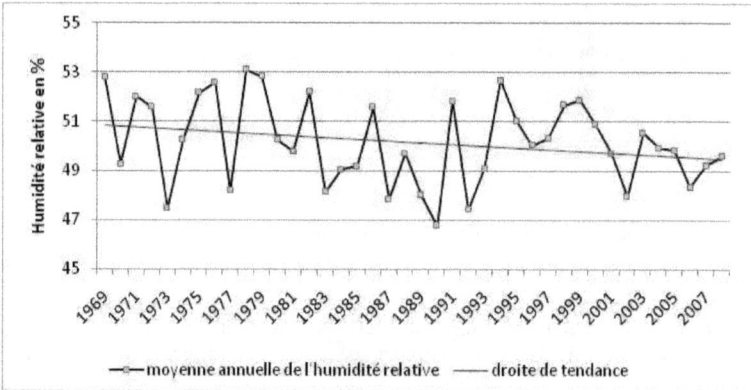

Source des données : Direction de la Météorologie Nationale, 2009

Figure 30 : Evolution des moyennes annuelles d'humidité relative à la station synoptique de Fada N'Gourma de 1969 à 2008

En tenant compte de l'évolution saisonnière, l'humidité est plus importante en saison des pluies. Sur la période de 1969 à 2008, les mois de juillet, d'août et de septembre connaissent alors un taux supérieur à 70% (Figure 31).

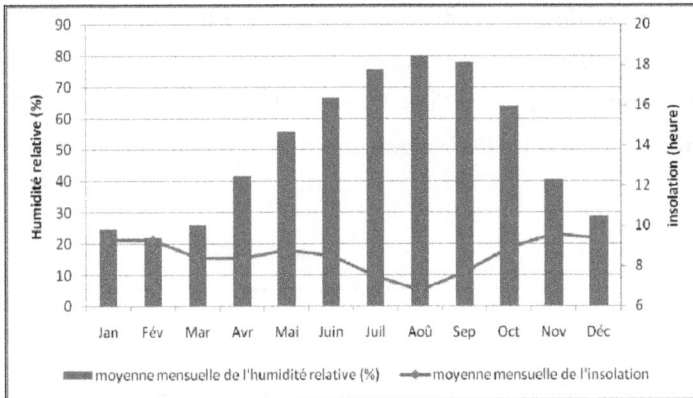

Source des données : Direction de la Météorologie Nationale, 2009

Figure 31 : Evolution des moyennes mensuelles d'humidité relative et de l'insolation à la station synoptique de Fada N'Gourma de 1969 à 2008

Par contre en saison sèche, le taux d'humidité n'excède pas 42%, le mois de février connaissant le taux le plus faible avec 22% d'humidité. L'humidité relative est un paramètre climatique principal pour les activités de contre saison qui sont très développées autour du barrage de Bagré (Yanogo, 2006). En effet, elle conditionne la durée de l'ensemble des activités de saison sèche et de l'activité de décrue en particulier. Le taux humidité du sol et de l'air est le facteur de réussite de la culture de décrue.

L'insolation est la durée, en nombre d'heures ou de fractions d'heures, pendant laquelle le soleil brille (Sory, 2008). Les plus faibles valeurs sont constatées en juillet, août et septembre avec moins de 8 heures par jour en moyenne de 1969 à 2008. La durée de l'insolation annuelle du milieu d'étude est de 8,56 heures en moyenne.

Les plus fortes valeurs d'insolation sont retrouvées en saison sèche (novembre, décembre, février et janvier). Le mois de novembre ayant la plus grande valeur avec 9,6 heures. L'insolation fixe d'une manière ou

165

d'une autre le temps de travail des acteurs mais influence également l'état de la chaleur ambiante dans la zone.

De façon générale, les données de l'insolation de la station synoptique de Fada N'Gourma de 1969 à 2007 montrent une tendance à la baisse (Figure 32).

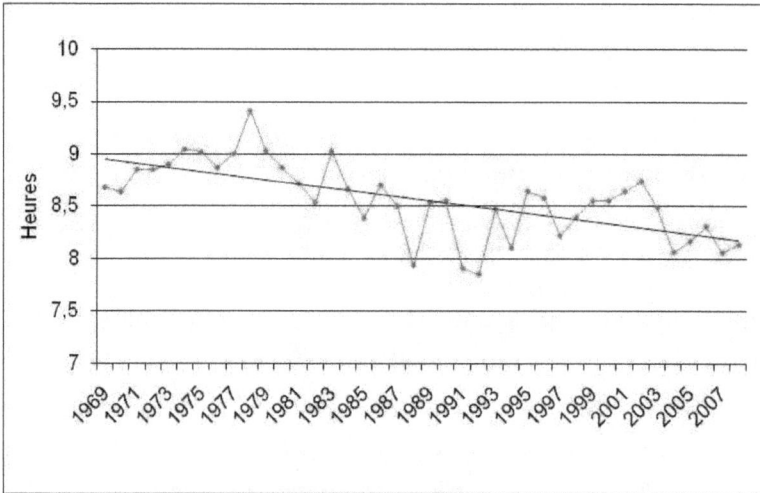

Source des données : Direction de la Météorologie Nationale, 2009

Figure 32: Evolution des moyennes annuelles de l'insolation de 1969 à 2008 à la station synoptique de Fada N'Gourma

1.5. Une baisse tendancielle de la vitesse des vents

Les caractères aérologiques moyens dépendent, au Burkina Faso, des différents types de circulation. Ceux-ci connaissent des directions et des vitesses différentes suivant la prédominance des flux en surface, et cela en rapport avec les deux principales saisons climatiques qui prévalent dans le milieu étudiée.

Ainsi, les vents dans le milieu sont tributaires de la position du Front Inter Tropical (F.I.T). Deux types de vents sont dominants dans la grande région de l'Est du Burkina (Dipama, 1997) et de facto dans le milieu d'étude :

- en saison sèche, la région est balayée par un régime d'alizé continental (ou harmattan) de direction nord-est sud-ouest. Il souffle des régions continentales vers les côtes océaniques. Il est chaud et sec le jour et frais la nuit. Il souffle de décembre à avril, avec une vitesse moyenne de 1,7 m/s;

- en saison des pluies, prédomine le régime de mousson, qui est le prolongement de l'alizé austral, chargé d'humidité sur son trajet. Il souffle des côtes océaniques vers les zones continentales. Il est chargé de masses d'air humide qui apportent la pluie.

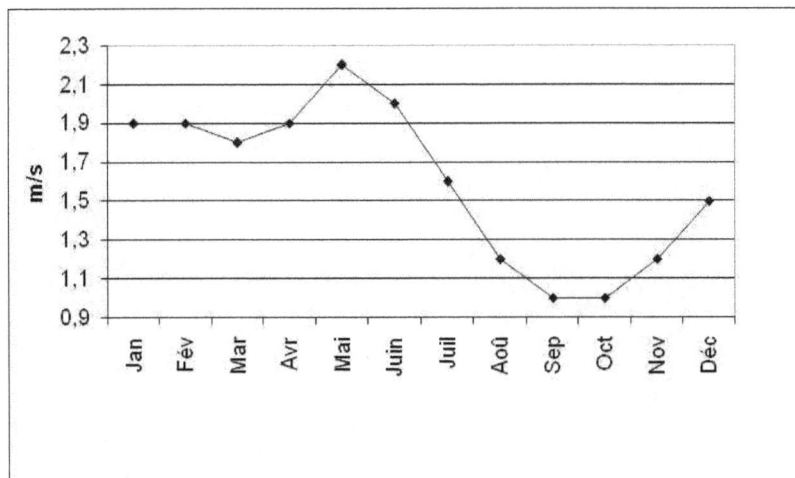

Source des données : Direction de la Météorologie Nationale, 2009

Figure 33 : Evolution des moyennes mensuelles de la vitesse du vent de 1969 à 2008 à la station synoptique de Fada N'Gourma

Aussi, la vitesse des vents varie selon les saisons (Figure 33). Les vents violents supérieurs à 2 m/s s'enregistrent au cours des mois de mai et juin sur la série de 1969 à 2008. Ces périodes sont caractéristiques des débuts de pluies ponctués par des averses. Au cours du mois d'août, où il tombe plus de précipitations, les vents sont relativement calmes (en dessous de 1,3 m/s). Cette baisse d'intensité se poursuit jusqu'en novembre, atteignant la valeur de 1 m/s. De décembre à avril, il y a la remontée de la vitesse des vents de 1,5 m/s à presque 2 m/s.

Outre ces deux types de vent, on observe de vents faibles vitesses immédiatement après l'hivernage.

La droite de tendance des moyennes annuelles de la vitesse du vent montre une baisse générale de celle-ci de 1969 à 2008 (Figure 34). Néanmoins, elle laisse apparaître une forte variation interannuelle de la vitesse du vent. Cela a un impact sur les activités car l'espace du milieu d'étude est dépourvue d'obstacles naturels (faible densité de végétation) suite à son aménagement. L'impact des vents sur les activités autour des plans d'eau est également relevé sur le plan d'eau de la Kompienga (Dipama, 1997).

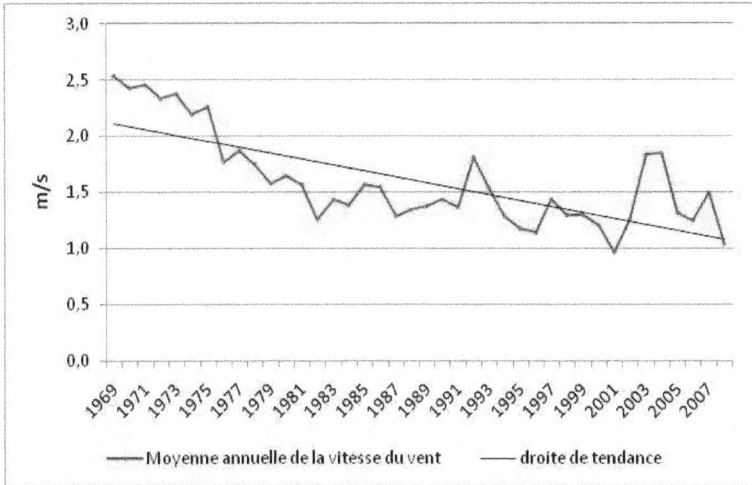

Figure 34 : Evolution des moyennes annuelles de la vitesse du vent de 1969 à 2008 à la station synoptique de Fada N'Gourma

Le vent a une grande influence sur les activités autour du barrage de Bagré. Pour la pêche, en l'absence d'obstacle sur le plan d'eau, les vents forts entraînent une réduction de l'efficacité du matériel de pêche donc une baisse des captures (Yanogo, 2003). Sur les activités de saison sèche, les vents chauds et secs entraînent un dessèchement rapide des terres en décrue et une intensification de l'irrigation pour le maraîchage.

En guise de synthèse sur l'analyse de l'évolution des facteurs climatiques, il est à noter la hausse de la temperature, variabilité de la pluviométrie accentuée par des valeurs extrêmes. Une baisse tendancielle de l'humidité relative, de l'insolation et de la vitesse des vents.

Au-delà du constat du dynamisme des paramètres climatiques par exploitation des données météorologiques, les populations du milieu d'étude ont également leur compréhension du climat qui caractérise leur milieu à travers ses manifestations et ses conséquences sur leurs activités. Les phénomènes climatiques révélant donc, et amplifiant les problèmes latents liés à la vulnérabilité des sociétés, ces acteurs basent principalement leurs perceptions sur les difficultés liées à la variabilité et aux extrêmes climatiques.

2. La lecture empirique des aléas climatiques

La perception des aléas et de la variabilité climatiques s'entend comme la manière dont les populations comprennent ou interprètent les éléments du climat dans leurs manifestations et leurs conséquences (Zoungrana, 2010). Cela conditionne les « stratégies d'adaptation » qui permettent de pallier ou de tirer profit de la situation climatique pour l'amélioration des productions.

Cette interprétation des perturbations climatiques (variabilité climatique et extrêmes climatiques) est aussi fonction de l'activité des acteurs. Mais de toutes les variables climatiques étudiées, seuls les précipitations, les températures et les vents ont été retenus pour l'analyse de la perception locale. En effet, ces paramètres sont les mieux perçus et évoqués par les acteurs qui arrivent ainsi à donner leurs appréciations de l'évolution du climat.

2.1. De saisons pluvieuses courtes et des pluies irrégulières

Les acteurs de la zone d'étude utilisent la durée des saisons sèche et pluvieuse, le nombre de jours de pluie et les quantités d'eau reçues des pluies pour apprécier la variabilité des précipitations.

La population paysanne situe le bouleversement des tendances climatiques extrêmes vers les années 1970, avec des années de sècheresse en 1974, 1984, 1990, 2002 et des années à pluviométrie excessive en 1977, 1991, 2003 et 2008. Les premières années de sècheresse ci-dessus indiquées, pour la station synoptique de Fada N'Gourma, sont confirmées par Sory (2008). De façon générale, les acteurs perçoivent le changement et la variabilité à travers la baisse des précipitations. La réponse : "*il ne pleut plus comme avant*" est l'expression la plus courante donnée par les acteurs. 95,20% des éleveurs, 82,93% des acteurs de la culture de décrue et 81,71% de maraîchers pensent que les précipitations ont baissé dans la région. 70,20% des riziculteurs et 72% des pêcheurs partagent le même avis. La relative faiblesse des pourcentages enregistrés (autour de 70%) chez les deux dernières catégories d'acteurs par rapport aux premiers peut s'expliquer par le fait qu'ils n'ont jamais eu de contraintes dans la conduite de leurs activités pour cause de manque d'eau. La perception globale de la baisse des précipitations est également évoquée par les acteurs sur le site du plan d'eau de Ziga dans le centre du Burkina (Zoungrana 2010) et aussi dans le sahel Burkinabé au nord du pays, à Belgou (Ouattara, 2007).

Pour mieux expliquer les raisons de cette perception générale de la baisse de quantité de pluie dans le milieu d'étude, les acteurs sont allés au-delà du nombre de jours de pluie pour évoquer d'autres paramètres. Ainsi cette baisse des précipitations est reliée à l'arrêt précoce des pluies pour 40,6% des acteurs, 20,8% évoquent la forte fréquence des séquences de sécheresse en saison pluvieuse, 19,6% le retard dans l'installation de la saison pluvieuse et enfin 19% des acteurs les faibles quantités d'eau reçues des pluies. La réduction de la durée de la saison pluie (à travers les retards d'installation et l'arrêt précoce des pluies) comme source de baisse des précipitations est également mentionnée par les populations autour du plan d'eau de Ziga (Zoungrana, 2010) et dans le lac Dem (Ouedraogo, 2004).

Des particularités émanent suivant les différentes catégories d'acteurs. Les acteurs de la culture de décrue n'ont pas signalé la faiblesse des volumes d'eau reçus des pluies comme indicateurs de variabilité des précipitations ; le mobile peut être le fait que la majeure partie de leur activité se déroule en saison sèche. En effet, depuis le début de la culture de décrue, la zone d'exploitation a été toujours inondée et propice à l'activité quelles que soient les quantités de pluie enregistrées.

La fréquence des séquences de sécheresse en saison pluvieuse comme raison de la variabilité selon les enquêtés et de la baisse des précipitations n'a pas été cité par les éleveurs. Cela s'explique par la nature de leurs activités. En effet, après l'installation de la saison pluvieuse leurs cheptels ont le pâturage en abondance et de l'eau du fait de leur proximité du plan d'eau.

A la question de savoir s'ils observent des séquences de sécheresse en en saison de pluie, 96,11% des acteurs ont répondu par l'affirmative. 85,26% trouvent très élevée la fréquence des séquences de sécheresse, plus de nos jours que par le passé. 67,19% des acteurs estiment que ces pauses de la pluie en pleine saison pluvieuse peuvent aller d'une semaine à deux. Ce phénomène est constaté, principalement au mois de juin et de juillet. L'occurrence de sécheresse à cette période porte préjudice à l'agriculture pluviale selon les techniciens agricoles ; ces pauses seraient devenues la principale cause des mauvaises récoltes (Kabore, 2010 et Kabre 2008). Les acteurs estiment que lorsque les pauses excèdent deux semaines, elles jouent sur l'évolution des plantes et compromettent les récoltes, lorsque les céréales sont au stade de l'épiaison.

Seuls 9,70% des riziculteurs, 7,32% des acteurs de décrue et 2,40% d'éleveurs trouvent qu'il n'y a pas de séquences de sécheresse pendant les saisons pluvieuses.

Le début et la fin de la saison pluvieuse sont aussi des indicateurs de la variabilité du climat à travers son paramètre précipitation. En effet, le démarrage de la saison pluvieuse est l'une des étapes primordiales de la production agricole et partant de sa réussite (Sene, 2008). Il capte l'attention des acteurs qui ont chaque année un objectif de couronnement de leur effort en agriculture pluviale. Ainsi, la fluctuation de la date du début de la campagne devient une des preuves de la variabilité climatique, et partant, de la fluctuation du calendrier cultural d'une année à l'autre. Les résultats des enquêtes montrent que seuls 8,5% des acteurs trouvent que la campagne pluvieuse commence normalement. 32,2% pensent que le début de la saison des pluies est précoce contre 59,3% qui estiment que le changement du calendrier agricole s'explique par un début tardif de la saison de pluies.

La fin de la saison des pluies est également source de débats entre acteurs. En effet, 64,45% des acteurs soutiennent que la fin de la saison des pluies est devenue très précoce ; 24,41% estiment que la fin de la saison des pluies n'a connu aucun changement. 11,14% pensent que la fin de la saison pluvieuse intervient plutôt tardivement par rapport aux années passées.

Des réponses divergentes obtenues sur le début et la fin de la saison des pluies, on déduit une fluctuation des saisons car le début et la fin de la saison pluvieuse conditionnent la durée de la saison sèche.

En outre, 90,75% des acteurs ont remarqué la diminution de la durée de la saison des pluies ainsi que la réduction de la durée des précipitations. Selon eux, la saison des pluies pouvait atteindre auparavant 5 à 6 mois, voire 7 mois. Mais de nos jours, 55,27% des acteurs estiment qu'elle n'excède plus 5 mois contre 44,73% qui évaluent 3 à 4 mois de période pluvieuse.

Quant à la durée des précipitations, les acteurs (principalement les personnes âgées) soulignent que les pluies de longue durée, qui étaient normales dans le passé, sont de nos jours rangées aux oubliettes ou dans le lot des évènements rares, voire extraordinaires. On assiste maintenant à des pluies sous formes d'averses pendant tout la saison de pluie.

Des entretiens réalisés avec les personnes ressources des différents sites d'étude révèlent, un grand changement des signes précurseurs de pluie ; c'est le cas de l'assombrissement du ciel, les forts grondements de tonnerre accompagnés d'éclairs. Il ressort que ces signes sont rares de nos jours. Selon eux, le changement ou la disparition progressive de ces signes a fait apparaître un nouveau type de pluie :"les pluies surprises". Ce sont des pluies de courte durée qui tombent sans s'annoncer et qui surprennent souvent les agriculteurs dans les champs.

La répartition des pluies dans l'espace a été relevée par les paysans comme élément de changement. Ils constatent que les pluies ne couvrent plus de grandes régions. Pendant que des villages voisins sont sous les eaux, les autres ne reçoivent aucune goutte d'eau.

L'impact de cette nouvelle situation des précipitations est multiple selon les acteurs. En effet les conséquences sont perceptibles sur le plan environnemental à travers l'aspect du couvert végétal, et au niveau des différentes activités.

Sur le plan environnemental, 95,4% des acteurs estiment que la principale conséquence de la variabilité des précipitations est le changement de la physionomie du couvert végétal à travers la raréfaction de certaines espèces végétales, l'éclaircissement des écosystèmes de végétation dense et une régression de la diversité biologique. 4,6% des acteurs observent également l'apparition de nouvelles espèces végétales dans la zone. Il s'agit principalement du *sida alba L.* et *sida acuta* de la famille des Malvaceae. Selon Sanou (2006), les zones de surpâturages sont propices au développement de ces espèces.

Pour les éleveurs, les nouvelles espèces se répandent rapidement dans la zone pastorale et ne sont pas prisées par le bétail. Cette catégorie d'acteurs incrimine également les faibles précipitations comme cause de l'assèchement des cours d'eau secondaires et le tarissement précoce des puits et puisards relais pour l'abreuvement du cheptel. Au titre des conséquences directes de la variabilité des précipitations sur les activités pastorales, 38,10% des éleveurs pensent qu'elle est source de la fragilité constatée des écosystèmes pâturés et 60% estiment que la variabilité est la source de l'insuffisance de pâturage en certaines périodes de l'année. La raréfaction de certaines espèces végétales de valeur d'usage pastorale est exprimée par 9,20% des éleveurs.

La variabilité des précipitations a aussi des conséquences sur les activités maraichères. Selon les acteurs, l'activité est strictement liée à la quantité d'eau reçue durant la saison pluvieuse, et 49% des maraîchers estiment que la fluctuation de ce paramètre climatique joue sur la disponibilité des eaux pour l'irrigation de contre saison et cela est la principale cause de la baisse de la production maraichère dans la zone. 51% affirment que la réduction progressive de l'activité est due aux précipitations. En outre, avec la variabilité, la survenue d'une pluie au cours du cycle de production maraîchère provoque de gros dégâts.

Les acteurs de l'agriculture de décrue estiment qu'ils sont les plus touchés par la variabilité des précipitations, vu la nature de leur activité. 45% estiment que les faibles précipitations sont à la base de la baisse de production, entrainant l'insuffisance de la couverture des besoins des ménages certaines années. En plus de la baisse de la production de décrue, 55% des producteurs estiment que la fluctuation du paramètre précipitation cause aussi la réduction de la durée des activités et de ce fait la réduction du nombre de campagnes à la décrue.

Les pêcheurs estiment que la fluctuation du niveau du plan d'eau a pour conséquence la baisse de la production halieutique, selon eux la fluctuation du niveau des eaux impacte la reproduction de la ressource halieutique. Et la baisse du niveau du plan d'eau n'est pas propice à la pêche. Cette baisse de la production est aussi constatée en période de forte pluviométrie. Les fortes précipitations sont à l'origine de l'ouverture des vannes pour la sécurisation de la digue du barrage. L'évacuation des eaux entraine également la migration du poisson du plan d'eau vers la rivière. La conséquence immédiate, selon les acteurs de la pêche, est la recrudescence des pratiques néfastes dans l'espoir d'améliorer les rendements de pêche : utilisation des filets de petites mailles, battage des eaux pour rabattre le poisson vers les filets déposés.

Pour les riziculteurs, leur activité n'est pas sous l'influence totale de la fluctuation inter-annuelle des précipitations. L'aménagement hydroagricole de Bagré est principalement voué à l'irrigation des périmètres de production du riz. Depuis sa mise en eau, les quantités stockées ont toujours satisfait le besoin de l'irrigation quelle que soit la campagne et les quantités de pluie reçues (MOB, 2008). Mais l'impact des précipitations sur la production se manifeste pourtant pendant les années de fortes crues. En effet, pour la sécurisation de la digue du barrage de Bagré, il est parfois procédé à l'ouverture des vannes pour relâcher les grandes quantités d'eau stockées lorsque le niveau d'eau atteint la cote 235 (MOB, 2004). Cette évacuation provoquée des eaux, bien que salutaire pour la pérennisation des aménagements, a des effets néfastes pour la production rizicole. Tous les périmètres en bordure de la rivière sont submergés et il s'ensuit une destruction importante de la production de par la puissance de l'eau évacuée. Les riziculteurs, lors des entretiens, indiquent que plus de 200 à 300 hectares sont concernés par la furie des eaux à chaque ouverture des évacuateurs de crues.

En outre, les riziculteurs declarent que les plants de riz sont plus exposés aux maladies pendant la campagne humide. Le riz ne supporte pas l'excès de pluies surtout en période d'épiaison, et certaines parcelles sont à ce stade dans le mois d'août du fait du non respect du calendrier; d'où des dégâts énormes (MOB, 2008).

Pour les producteurs de riz, la conséquence de la variation des précipitations est surtout ressentie sur leurs champs de céréales. La production des champs de case et de brousse qui devait diversifier les sources de revenus et assurer l'autosuffisance alimentaire des acteurs est affectée par les variations spatio-temporelles des précipitations.

2.2. La perception d'une hausse de la chaleur

La perception paysanne de la température et de l'insolation se résume à la sensation de la chaleur ambiante. 79% des acteurs affirment que les rayons solaires se sont intensifiés ces quinze dernières années et que cela s'est accompagné logiquement d'une hausse de la chaleur ambiante. Cette chaleur est persistante en toute saison ; 59% des enquêtés trouvent qu'elle est accablante en saison sèche et étouffante en saison pluvieuse.

Pour 76% des acteurs, la période de chaleur est devenue plus longue et cela se constate par la réduction de la durée de la période fraiche de novembre à février d'en temps. Cette période fraîche se résume maintenant à une légère fraicheur entre janvier et février. Elle est suivie par une période de chaleur en mars, avril et mai.

La variation de la chaleur ces dernières années a des explications multiples selon les acteurs. Les raisons les plus fréquemment citées relevent de l'arrêt précoce de la saison pluvieuse pour 28% des acteurs, de la métaphysique évoquée par 10% des acteurs, de la faiblesse de la couverture nuageuse susceptible de bloquer les rayons solaires, estimée par 10% des acteurs. 52% des acteurs estiment aussi que la hausse de la température ambiante est principalement due à l'action anthropique à travers la déforestation consécutive aux aménagements du projet Bagré. Cette hausse de la chaleur a des conséquences sur les activités selon les acteurs. Cette perception de la hausse la chaleur est aussi ressentie par la majorité des acteurs (70%) sur les rives du plan d'eau de Ziga (Zoungrana, 2010).

Les pêcheurs pensent être les grandes victimes des fortes températures. Tous évoquent le pourrissement des captures, car le poisson frais est un produit très délicat à conserver et nécessite une température clémente à défaut d'une chaine de froid pour sa conservation. Par temps de température élevée, le poisson sorti de l'eau ne peut être conservé au-delà de six heures sans chaine de froid. 82% des pêcheurs affirment que la chaleur est aussi incompatible avec leur activité qui demande beaucoup d'énergie, d'où une baisse de la production. Ainsi, pendant les périodes de chaleur, la pêche se déroule le plus souvent de nuit.

En outre, une insolation importante entraine un éblouissement dû aux reflets des rayons solaires sur l'eau. 18% des acteurs de la pêche pensent que la hausse de la chaleur est source de réchauffement du plan d'eau ; ce qui peut être une cause de perturbation de la reproduction du poisson.

Les éleveurs évoquent l'impact de la hausse constatée de la chaleur sur leur activité. Les résultats des entretiens et des enquêtes auprès des éleveurs révèlent que la chaleur est source de la chute précoce du feuillage des arbres appétés par les animaux. De plus, il y a l'assèchement accéléré du pâturage qui est alors exposé aux feux de brousse et diminue la disponibilité des pâturages. On évoque également la raréfaction de certaines espèces préférées par le cheptel comme l'Andropogon pseudapricus, Pennisetum pedicellatum, Pennisetum polystachion et de l'Eragrostis tremula. Il est également mentionné l'apparition des espèces jadis présentes sur les ruines de concessions (*sida alba L)*, non appétées par le bétail mais s'adaptant mieux à cette chaleur selon les éleveurs de la zone pastorale.

Aussi, pendant les périodes de chaleur, les troupeaux abandonnent les enclos la nuit pour profiter de la fraîcheur sur les rives du plan d'eau et rendent difficile la surveillance. Cette situation peut être source de recrudescence de conflits avec les autres acteurs du fait des destructions constatées de champs en culture de contre saison ou de champs de riz.

Pour les acteurs de la culture de décrue, l'augmentation constatée de la chaleur a un sérieux impact sur leur activité. En effet, la chaleur entraîne l'assèchement précipité des zones de production. Or l'activité de décrue est basée sur l'humidité des espaces sur les berges des cours et plans d'eau du fait des flux et reflux des eaux. L'impact direct de la hausse de la température est la baisse de l'humidité des terres selon les acteurs. 61% des acteurs reconnaissent que la hausse de la température a causé la baisse de l'intensité de l'activité par la réduction des espaces de travail, la réduction de la durée de l'activité, l'assèchement des fleurs de certaines espèces cultivées. Selon eux, certaines productions de contre

179

saison ne résistent pas à des températures pouvant aller parfois à plus de 40°C.

24% des acteurs de la culture de décrue évoquent plutôt la recrudescence des maladies des plantes due à la hausse de la chaleur. 15% d'acteurs de ce secteur parlent de la dénaturation de l'activité car pour certaines années il y a obligation de faire des arrosages d'appoint pour ne pas perdre toutes les productions à cause de la chaleur. Ce qui les ramène aux mêmes principes d'irrigation que le maraîchage. De nos jours, les acteurs évoquent l'abandon ou la diminution des superficies allouées à certaines productions qui se développaient en décrue, principalement pendant la période de fraicheur. C'est le cas de la pastèque, du melon, etc. (Yanogo, 2006)

Les maraîchers interrogés lors des enquêtes et des entretiens ne sont pas les moins affectés par la hausse de la chaleur ces dernières années. En effet, la difficulté de la conservation des principales productions (oignons, tomates, choux, etc.) avec comme corollaire les avaries et la mévente a été relevée par 32% des acteurs. En revanche, 68% d'entre eux incriminent la hausse de la chaleur pour l'assèchement précoce des sols et des plantes par manque d'eau. Cela nécessite des arrosages répétés et rapprochés et plus de travail pour les acteurs ; le retrait rapide des eaux des berges a été relevé par les maraîchers comme une autre conséquence de la forte chaleur. Vu que le maraîchage dans la zone se pratique particulièrement dans le lit mineur du cours d'eau à Niaogho, le reflux des eaux rend plus difficile l'arrosage manuel et entraine l'abandon de certains espaces du fait de la distance entre la parcelle et le point de prélèvement de l'eau. Certains acteurs exploitent d'autres possibilités, pour l'exhaure de l'eau vers les espaces de culture maraîchère, les pompes «Nafa», les motopompes et le creusage de canalisations.

Les riziculteurs ont une perception différente de l'impact des fortes températures sur leur activité. Bien que 24% des acteurs dans ce secteur reconnaissent que cette hausse de chaleur favorise la recrudescence de maladies du riz, 76% y voient un atout pour le développement des cultures, contribuant ainsi à l'amélioration de la production. Pour eux la chaleur, qui influencerait la levée des plantes et l'épiaison rapide du riz, est source de bon rendement et cela en moins de 120 jours avec certaines semences de riz. L'impact de la chaleur sur la production du riz a été mieux expliqué lors des entretiens avec les producteurs.

Comme l'affirme Vossen (1976), « la température ne modifie pas le rendement final, mais la vitesse à laquelle il est obtenu ». Cette croissance est en grande partie sous l'influence de la lumière.

Il ressort que les riziculteurs qui commencent la campagne en retard peuvent espérer une bonne production s'il y'a une hausse de la chaleur ambiante.

La hausse de la chaleur est malgré tout à l'origine de l'assèchement des périmètres selon les riziculteurs. Cette situation ne facilite ni le travail, ni la croissance du riz dans les zones non dominées par le dispositif d'irrigation gravitaire ou lorsque les canaux sont petits ou bouchés comme dans les rizières du V10 et du V2.

2.3. La perception de vents dévastateurs

Les vents sont aussi cités comme des indicateurs de la variabilité climatique de ces dernières années. Pour les différents acteurs rencontrés, les vents ont changé en intensité et en périodicité. Ce changement est imputable à l'état de leur environnement. En effet, ils ont constaté que la mise en eau du barrage a détruit le couvert végétal. Sur toute la superficie du plan d'eau et des périmètres rizicoles, aucun obstacle ne freine la vitesse du vent. Pour 89% des acteurs des sites d'enquête, les vents sont devenus plus forts et plus fréquents. En témoignent les divers dégâts. Les mêmes acteurs se plaignent de la violence des vents en toutes saisons, particulièrement en début de saison des pluies où l'on enregistre de plus en plus de dégâts sur les habitations, les bâtiments publics, les arbres, etc.

Outre ces effets, la vitesse des vents influe sur les activités des acteurs. En effet, 87% des riziculteurs estiment que les périmètres sont exposés aux vents aussi bien en campagne humide qu'en campagne sèche. Cet effet compromet la production car elle entraine la verse des cultures et rend difficile l'entretien des parcelles. Cette verse qui s'accentue de nos jours selon les producteurs, entraîne également la le renversement des pieds de riz et la recrudescence dont les maladies fongiques, principalement la pyriculariose, et les maladies bacteriennes. Pour ce qui est de la pyriculariose, les acteurs estiment qu'elle a pour cause les faibles températures et une humidité élevée. Aussi un mauvais traitement avec le NPK prédispose davantage les plants de riz à cette maladie. Mais les vents entrainent une forte propagation de ces maladies dans toutes les parcelles de culture.

Les acteurs de la culture de décrue relèvent qu'auparavant, il y avait des périodes ventées, principalement en début de la saison des pluies et pendant une partie de la saison sèche. Selon eux, l'harmattan qui devait apporter la fraicheur est devenu chaud, sec et très poussiéreux. Pendant la période pluviale, les vents sont plus que d'habitude et ce sont ces vents qui emportent le plus souvent les nuages vers certaines régions d'où la diminution du nombre de jours de pluie.

La conséquence de la vitesse du vent sur les activités de culture de décrue, selon les acteurs, est la destruction de toutes les productions ayant des fleurs, l'assèchement accéléré des terres et la propagation des maladies (surtout les insectes dont les chenilles) sur les plantes due à l'inefficacité des produits phytosanitaires pulvérisés. L'assèchement rapide des terres est une source de menace pour l'activité de décrue surtout. Pour la production de pré-crue, où l'essentiellement de la culture est le maïs et que les récoltes se font pratiquement dans les eaux, un grand vent met directement toute la production en péril car la cassure des tiges de maïs peut entrainer la chute des épis dans l'eau.

Les acteurs du maraîchage connaissent également les contraintes liées aux vents. A la question « quelle est la principale conséquence des vents sur votre activité ? », 41% des acteurs citent le rôle du vent dans la verse des plants au moment de la floraison, l'une des phases importantes du cycle des principales cultures (choux, tomates, etc.). 33% évoquent le déracinement des plants. 21% incriminent le vent dans l'assèchement rapide des terres et la nécessité du rapprochement des tours d'arrosage pour espérer une bonne production. Les 5% restants estiment que la prolifération des maladies dans les périmètres a pour principale cause la hausse des vitesses du vent. Pour eux, l'échec des traitements phytosanitaires est imputable à l'action des vents qui facilite aussi la diffusion des maladies d'un périmètre à l'autre.

Les éleveurs admettent à l'unanimité que les vents ont augmenté d'intensité et affectent les activités pastorales, principalement en saison sèche et en début de saison pluvieuse.

Dans la zone pastorale de Tcherbo-Doubégué, les populations se souviennent encore de l'effet des orages accompagnés de vents violents qui ont occasionné des pertes par noyade de 150 et 2 têtes de bœuf, respectivement en 2006 et 2009. Sans avancer de chiffres, elles declarent que pour les petits ruminants les noyades évoluentcrescendo au fil des ans.

En saison sèche, les principaux griefs faits au vent sont nombreux : 81% des interlocuteurs le rendent responsable de l'assèchement précoce du pâturage, tandis que 11% qui soutiennent une recrudescence et une prolifération des zoonoses et de la peste aviaire. L'impact du vent sur la santé animale est coroboré par les études, sur l'activité pastorale à Tibga dans la province du gourma au Burkina faso, de Yaolpougoudou (2007). Des enquêtes, il ressort que l'élevage local connaît beaucoup de problèmes liés à la recrudescence des épizooties. Selon le témoignage d'un agent technique de la MOB intervenant à Tcherbo, « *les* épizooties *surviennent chaque année et à n'importe quel moment, s'aggravant en saison sèche avec l'harmattan* ». L'inquiétude réside dans la décimation quasi-totale des individus d'une espèce.

Des informations recueillies sur le terrain s'accordent sur le rôle des paramètres climatiques dans l'apparition de ces épizooties. « *Le même vent qui nous apporte des maladies comme la méningite, la varicelle, décime nos bêtes avec des maladies que nous n'avions jamais connues* », témoigne un éleveur lors de l'entretien.

8% des éleveurs évoquent l'assèchement des cours d'eau secondaires, comme principale conséquence de l'action du vent.

Pour les éleveurs, l'assèchement du pâturage s'accompagne d'un dépôt de poussière et cela devient un sérieux problème pour l'alimentation du cheptel.

Comme pour les autres secteurs d'activité, le vent influence les activités de pêche. 74% des pêcheurs mentionnent la destruction du matériel de pêche comme principal inconvénient du vent sur leur activité. Selon eux, sous l'action du vent, les filets maillants et les palangres sont tourbillonnés et transformés en cordes. Le vent peut aussi décrocher les filets de leurs supports de fixation et les entrainer au fond du lac. Ainsi les filets décrochés, dont la principale matière est le nylon et non biodégradable, deviennent une source de pollution du lac et des pièges pour la ressource halieutique qui s'y emprisonne et devient des captures inaccessibles, ce qui contribue à la baisse de la productivité du plan d'eau.

Aussi, sous la contrainte du vent, les pêcheurs déclarent passer parfois 7 à 10 jours sans activité. Au-delà de la destruction du matériel, 26% des acteurs invoquent la perturbation de la pêche à l'épervier sous l'effet de vents. La pêche à l'épervier est propice quand la vitesse du vent est faible. L'action du vent ne permet pas de rester en position convenable pour lancer le filet et au cas où on arrive à le faire, l'effet du vent peut entrainer le filet à se poser à des endroits non désirés. Dans ces conditions, l'effort fourni n'est pas toujours productif.

Les perceptions de la variabilité climatique par les acteurs s'appréhendent à travers la manifestation de certains éléments du climat et de certaines considérations empiriques.

Que ce soient les activités induites par le projet ou celles initiées par les populations locales, les conséquences de la variabilité des paramètres climatiques suivant la perception locale sont ressenties par l'ensemble des acteurs sans distinction et influencent grandement les rendements des activités. Leurs actions sont spécifiques à chaque secteur d'activités, même si elles se résument à la baisse du capital productif, aux dégâts sur la production et à la recrudescence des maladies autant dans le secteur de l'élevage que dans ceux liés au domaine agricole.

Le tableau XII présente les conséquences des variables climatiques étudiés par rapport aux différentes activités.

Tableau XII : Les conséquences de la variation des paramètres climatiques sur les activités

Paramètre climatique Activités	Précipitations	Température	Vents
Riziculture	• Inondation des parcelles en bordure du fleuve • Persistance de maladies du riz	• Assèchement des parcelles de riz • Recrudescence des maladies du riz	• Verse du riz • Recrudescence des maladies du riz
Elevage	• Apparition d'espèces végétales non appétées • Insuffisance du pâturage • Fragilisation des écosystèmes pâturés	• Persistance des feux de brousse • Apparition d'espèces végétales non appétées • Divagation des animaux	• Noyade du cheptel • Assèchement précoce du pâturage et des cours d'eau secondaires • Recrudescence des épizooties
Pêche	• Baisse de la production à l'ouverture de vannes du barrage • Recrudescence des pratiques de pêche néfastes	• Difficulté de conservation des captures • Baisse de la production	• Destruction du matériel de pêche • Réduction du nombre de jour de pêche
Maraîchage	• Réduction du nombre de campagne • Pourrissement de la production	• Difficulté de conservation de la production • Réduction des espaces de production • Assèchement des parcelles	• Assèchement précoce des parcelles • Verse de plants • Prolifération des maladies
Culture de décrue	• Réduction du nombre de campagne • Baisse de la production	• Abandon de la production de certaines spéculations • Assèchement précoce des parcelles • Recrudescence des maladies • Arrosage d'appoint	• Verse de plants • Prolifération des maladies • Destruction des spéculations à fleures

Source : Enquête terrain, 2009

Selon les acteurs, certaines conséquences de la variabilité du climat sur les activités évoquées ci-dessus, sont la résultante de la combinaison d'au moins deux paramètres climatiques. C'est le cas de l'assèchement précoce des parcelles de cultures ou de la recrudescence des maladies qui trouvent leur explication concomitamment dans la variation des précipitations et les hausses de chaleur, selon les acteurs de la culture de décrue, de maraîchage et de riziculture.

186

Pour aboutir à une conclusion sur les variabilités climatiques, récapitulons l'analyse scientifique et de la perception de l'évolution des paramètres climatiques (tableau XIII).

Tableau XIII: Constats scientifiques et perceptions locales de la variabilité des paramètres climatiques

Paramètres climatiques	Constats de 1969 à 2008 (39 ans) et perceptions des acteurs						Observations
	scientifique			perception des acteurs			
	1	2	3	1	2	3	
Précipitations			+	+			Non concordance de la perception de l'évolution des pluies et des vents aux données scientifiques
Nombre de jours de pluies	+			+			
Températures		+				+	
Vents	+					+	

1 – Diminution ; 2 – Stabilité ; 3 – Augmentation.

Source des données : Direction de la Météorologie Nationale et enquête terrain, 2009

On constate une concordance des perceptions avec l'analyse scientifique de certains paramètres. Pour le vent, sa vitesse est liée à la dégradation du couvert végétal. Cette dégradation favorise l'érosion éolienne, ce qui expliquerait l'augmentation des suspensions poussiéreuses, ainsi que de l'intensité du vent et de ses impacts.

Tandis que les données scientifiques démontrent la diminution de la durée d'insolation et de l'augmentation des précipitations, la perception paysanne signale le contraire ; il est possible de penser qu'il s'agit d'une confusion ou d'une mauvaise perception des paysans de la quantité d'eau annuelle tombée par rapport à la durée de la saison pluvieuse.

Cela est certainement dû à la mauvaise répartition des pluies dans le temps – regroupées en peu de mois - pour le facteur précipitations, même si la courbe ombro-thermique (Figure 17 à la page 147) indique quatre mois humides. Aussi, la baisse du nombre de jours de pluies peut influencer la perception des populations sur les quantités d'eau de pluie reçues.

Une concordance d'appréciation se dégage également par rapport à la fluctuation de la date de début ou de fin de saison pluvieuse. Les données de la météorologie permettent d'estimer une amplitude de variation du début de la saison à 60 jours pour la série allant de 1969 à 2008. Egalement, prés de 92% des acteurs enquêtés perçoivent une fluctuation de la date de début des pluies suivant les années (que cette date de début des pluies soit précoce ou tardive). Pour la même série de 1969 à 2008, les données permettent de ressortir une faible amplitude de variation de la date de fin des pluies de l'ordre de 17 jours. Dans le milieu d'étude, cette fluctuation de la date de fin de saison pluvieuse est estimée par prés de 76% des acteurs qui se divisent quant à la précocité ou non de la date de la fin des pluies.

Pour ce qui est des températures, des recherches scientifiques récentes ont montré que dans certaines régions plus la température augmente, plus les précipitations le sont aussi (WATKINS, 2008). Le problème reste la répartition des précipitations qui sont regroupées en quelques mois notamment en juillet, août et septembre, dans notre milieu d'étude.

La hausse des températures et des précipitations et la baisse du nombre de jours de pluie laissent présager de la sévérité des phénomènes climatiques extrêmes dans le milieu d'étude. Cela conduit inéluctablement à une réaction de la part des acteurs dans le but de tirer profit des ressources créées par la construction du barrage.

Le projet Bagré, qui est en lui-même une stratégie nationale d'adaptation à la variabilité climatique, apparaît comme une réaction des autorités burkinabè, suite aux sécheresses des années 1970. Vu les avantages d'une maîtrise du potentiel hydraulique pour l'exploitation agricole, le projet Bagré était devenu une nécessité pour soustraire la zone aux aléas climatiques. Au-delà de cette stratégie nationale, les acteurs locaux développent des initiatives pour pallier les effets de la fluctuation des éléments du climat sur leurs activités par rapport à leurs perceptions de ceux-ci.

Chapitre VI : LES INGENIOSITES DES ACTEURS FACE AUX ALEAS CLIMATIQUES ET LA VENTILATION DES REVENUS

Les aménagements de Bagré ont été à l'origine d'une mutation de l'environnement. Cela s'est fait par le remplacement des zones agroforestières, de pâturages et d'habitations, par un plan d'eau et des périmètres rizicoles. Cette dynamique a entrainé la perte de terres agricoles autant en aval qu'en amont et la création de nouvelles activités dont les principales sont la riziculture et la pêche. Certaines activités préalablement menées par les populations se sont renforcées en profitant de l'abondance et de la permanence de l'eau ; il s'agit des cultures de décrue, du maraîchage et de l'élevage.

Ainsi, les activités ont connu des mutations qui permettent aux populations de continuer à tirer profit de leur environnement et à faire face aux aléas climatiques pour leur subsistance et améliorer leurs revenus depuis la mise en eau du lac Bagré.

1. Les stratégies d'adaptation des acteurs

Face à la variation des éléments du climat et à la modification de l'environnement, les acteurs ont développé des stratégies d'adaptation. Il s'agit de l'ensemble des moyens, des techniques ou des procédés par lesquels les acteurs parviennent à atténuer ou à donner des réponses aux effets de la variabilité climatique sur leurs activités et aux conséquences de la modification de leur environnement.

Bosc & al. (1997) ont identifié de ce fait plusieurs types de stratégies : les stratégies de limitation des effets négatifs des risques, les stratégies de lutte contre les causes des risques et les stratégies de contournement.

Pour le cas de la zone de Bagré, une première phase d'adaptation a été développée et bien réussie par les populations. Pour les populations autochtones en aval, elle a consisté à acquérir des parcelles sur les périmètres pour la double production de riz. Pour celles de l'amont, il s'est agi d'initier de nouvelles activités (pêche) ou de renforcer d'anciennes activités (culture de décrue, maraîchage et l'élevage) pour atténuer la pression foncière. Au cours de cette phase d'adaptation, les stratégies ont permis de contourner et de limiter les effets négatifs des risques liés à la modification du milieu.

La deuxième phase de l'adaptation est d'ordre climatique. En effet, bien que le projet Bagré soit satisfaisant au niveau global par rapport à son objectif de mobilisation de l'eau au service de l'agriculture et de la production électrique, les populations locales continuent de subir certains effets néfastes de la variabilité climatique sur leurs activités. A ce stade, les stratégies ont servi à la limitation des effets négatifs des risques climatiques.

Ainsi, suivant chaque secteur d'activité, qu'il soit appuyé par le projet ou d'initiative locale, les acteurs redoublent d'ingéniosité pour pallier aux effets des aléas climatiques, notamment ceux des précipitations, de la température et du vent.

1.1. Les initiatives d'adaptation dans les périmètres rizicoles

En aval de la digue du barrage de Bagré s'étendent des périmètres aménagés pour la double culture annuelle de riz. Cette activité principale du projet Bagré connaît l'influence de la variabilité du climat. Aussi les producteurs développent-ils des pratiques pour y faire face.

191

En effet, le principe de l'irrigation gravitaire soustrait les aménagements agricoles en aval aux fluctuations des précipitations et leur permet ainsi de sécuriser la production en toute saison.

Des enquêtes et entretiens réalisés auprès des producteurs de riz, il ressort que pour de multiples raisons, les acteurs ne respectent pas scrupuleusement le calendrier établi par la MOB. Ainsi, pour la campagne humide, la période humide s'installe au moment où le riz est encore au stade de l'épiaison. Cette situation peut provoquer des dégâts susceptibles de compromettre la production. En outre, elle est source potentielle d'attaques parasitaires. Comme solution, les acteurs éprouvent la nécessité du respect des calendriers et s'efforcent de recourir aux semences améliorées, aux pesticides, à la fumure organique ou au compost localement produit. Ces différentes stratégies ne sont seulement spécifiques à la plaine de Bagré. Des stratégies similaires sont également rencontrées sur les plaines rizicoles du Sourou (Zoungrana, 2002) et de la vallée du Kou (Nebié, 1996). Dans le milieu d'étude, les riziculteurs préconisent aussi le renforcement de l'entretien des parcelles pour accélérer la croissance du riz et éviter le prolongement de la campagne sèche dans la période humide. Plus de travail sur les parcelles de riz est plus que nécessaire pendant la période d'intensification des activités (activité de culture pluviale et riziculture), ce qui permet, selon les riziculteurs, d'éviter beaucoup de maladies et contribuer à l'amélioration de la productivité du riz.

Pour ce qui est des dégâts sur les parcelles voisines de la berge, les exploitants ont procédé à la végétalisation des digues et bourrelets en vue d'assurer la protection des cultures lors des évacuations de crues. Cette stratégie, bien que parfois inefficace dans le temps, est devenue, selon les acteurs, utile de nos jours avec la construction d'un déversoir de sécurité depuis 2007. Ce déversoir contribue à l'évacuation des eaux avant l'ouverture des vannes mécaniques situées sur la digue pour l'évacuation des crues dès l'atteinte de la cote 235 (MOB, 2008), ce qui préserve un tant soit peu les parcelles d'une dévastation par de très grandes quantités d'eau en un temps bref.

En outre, les riziculteurs font aussi face à l'action des vents sur les périmètres. Ces vents, qui redoublent d'intensité à cause de la faible densité du couvert végétal, sont à l'origine de la verse du riz. Pour atténuer l'action des vents, certains acteurs mettent en place des haies vives le long de leur périmètre. Sur les périmètres de Bagré, les producteurs ont préféré les bananiers pour la constitution des haies (Photo 10). La densité des plants de bananiers, l'aspect du feuillage atténuent l'intensité du vent et en fin de campagne, il y'a la possibilité de bénéficier de sa production.

Prise de vue : Yanogo, Avril 2009

Photo 10 : Une haie vive de bananiers pour atténuer l'action du vent sur les cultures de riz

Les fortes chaleurs ont l'inconvénient d'élever les valeurs d'évaporation et de provoquer l'assèchement précoce des parcelles rizicoles. Cela peut compromettre l'organisation des activités agricoles. En effet, le stress hydrique des plants pousse les riziculteurs au non-respect des tours d'eau, surtout en campagne sèche. Selon eux, il est impossible de maintenir sa parcelle constamment humide ou inondée, donc d'escompter une bonne production rizicole en campagne sèche sans violer les tours d'eau. Vu la grande disponibilité de l'eau, les producteurs ne sauraient exposer leur parcelle aux pics de chaleur et au stress, même si cela constitue une source d'anarchie dans l'exploitation de la ressource.

Pour les champs de brousse, l'association des cultures apparaît comme la principale stratégie d'adaptation à la variabilité climatique. C'est une pratique relevée auprès de tous les producteurs de céréales sous pluie depuis les années de sécheresse de 1970 (Lompo, 2003). Elle consiste «en l'ensemencement de plusieurs espèces de cultures sur la même parcelle. Ce sont des pratiques devenues banales mais qui écartent le hasard; elles représentent une formule contre l'aléa des précipitations. Selon la répartition des pluies durant la saison et les quantités d'eau tombées, les différents types de sol répondront aux attentes du producteur» (Zoungrana, 1998).

Dans la zone, le niébé est généralement associé au petit mil ou au sorgho. L'objectif premier de l'association de culture est de compenser les déficits céréaliers constatés au milieu de la saison hivernale. En effet, le niébé qui a un cycle plus court arrive rapidement à maturité. Bien avant la maturité des grains, les feuilles sont d'abord utilisées pour la préparation des sauces et de mets divers. Outre la compensation alimentaire, l'association de cultures permet l'exploitation maximale de l'espace à cultiver. C'est pourquoi le niébé est semé dans les intervalles laissés entre les pieds de mil ou de sorgho. Cette association culturale permet aussi la fertilisation des sols.

De nos jours, les acteurs utilisent de plus en plus les variétés hâtives et on assiste à l'abandon progressif de certaines variétés locales qui ont un cycle végétatif long. C'est le cas du mil, la variété locale d'un cycle de près de 4 mois a été remplacée par une variété hâtive de 3 mois. Quant au niébé, son cycle est passé de 3 mois à 2 mois environ.

Des entretiens avec les services techniques et les producteurs, il ressort que la durée maximale du cycle des semences améliorées cultivées, du semis à la maturité, n'excède pas trois mois. Ainsi, le sorgho (la variété IRAT 204) a un cycle de 75 à 80 jours. Pour le petit mil, les variétés IKMV 8201 et la SOSAT ont un cycle de 90 jours, contre moins de trois mois pour la variété GD. A cela s'ajoutent les variétés de niébé KVx 61-1 au cycle inférieur à 90 jours. L'utilisation des variétés hâtives est aussi promue au plan national et constitue l'un des piliers de la politique agricole nationale pour pallier la baisse de la durée de la saison pluvieuse (Ministère de l'Agriculture de l'Hydraulique et des Ressources Halieutiques, 2008). Le tableau XIV fait le point des stratégies d'adaptation initiées par les riziculteurs.

Tableau XIV : Les stratégies d'adaptation développées dans le secteur de la production de riz

Activité	Paramètre climatique	Conséquences sur l'activité	Stratégies développées
Riziculture	Variation de la pluie	Inondation des parcelles en bordure de la rivière ; Persistance de maladies du riz	Végétalisation des digues et bourrelets ; Respect du calendrier ; Utilisation des semences améliorées
	Variation de température	Stress hydrique des plants de riz ; Recrudescence des maladies du riz	Non respect des tours d'eau
	Vitesse du vent	Verse du riz ; Recrudescence des maladies du riz	Haie vive le long de la parcelle de culture

195

Source : Enquêtes terrain, 2009

Pour ce qui est des acteurs du riz, les stratégies suscitées connaissent un degré d'adhésion différent dans leur milieu. L'engouement est certes plus important quant à l'utilisation des semences améliorées, à l'utilisation des haies vives de bananiers le long des parcelles et au non respect des tours d'eau pour l'irrigation. Ce degré d'adhésion différent s'explique par les résultats constatés sur le terrain après les différentes phases de subvention de la semence par l'Etat, l'avantage de la diversification de la production avec l'introduction de la banane par le biais des haies vives et surtout l'abondance de l'eau et l'absence de contrôle de la prise d'eau par les acteurs.

La végétalisation des digues et bourrelets est du ressort des acteurs dont les parcelles sont en bordure de la rivière ; donc l'engouement pour cette stratégie bien que mentionnée par plusieurs acteurs ne concerne qu'une minime partie d'entre eux (environ 200 producteurs).

Le respect du calendrier cultural établi est un biais pour éviter maintes difficultés liées à la production et à l'écoulement (MOB, 1996). Bien que ces avantages soient reconnus par les acteurs, l'application de cette stratégie est fonction des moyens financiers pour l'acquisition à temps des engrais et fumure organique et surtout par la possession du matériel minimal pour être sur le périmètre selon les consignes de la MOB.

En termes d'efficacité des stratégies, les entretiens avec les autorités de l'aménagement ont révélé qu'elles sont toutes de bonnes pratiques pour atténuer l'impact de la variation des paramètres du climat sur les parcelles sauf le non respect des tours d'eau. Ces stratégies peuvent être enseignées aux nouveaux acteurs qui s'installeront sur les périmètres selon la MOB, car elles contribuent à renforcer le processus d'appropriation des techniques de production par les acteurs et garantissent de meilleurs rendements sur les périmètres.

1.2 Les stratégies d'adaptation des acteurs de la culture de décrue

L'activité de culture de décrue est tributaire de l'état de remplissage du plan d'eau dont la pluviométrie est la principale source de remplissage. Vu que les aménagements en aval et la production d'électricité sont en pleine croissance, le retrait des eaux du lac devient précoce selon les acteurs de la culture de décrue. Du remplissage du plan d'eau dépend en partie le nombre de campagnes de décrue à réaliser. Ainsi, pour minimiser l'impact de la fluctuation des eaux du barrage sur les activités de décrue, les acteurs réduisent parfois le nombre de campagnes de la culture de décrue pendant les années de faible pluviométrie et utilisent les espaces non exploités pendant la décrue pour la production maraîchère.

Par ailleurs l'utilisation des variétés hâtives par le biais des semences améliorées est devenue, selon eux, une stratégie gagnante qui permet de juguler le problème de retrait rapide des eaux et de hausse de la chaleur. Par exemple, le cycle du niébé est passé de 3 mois à 2 mois environ. Il arrive alors au producteur de réaliser une double récolte durant la campagne de décrue et sur la même parcelle. Il en est de même pour l'arachide, qui est en plus moins exigeante en eau selon les acteurs et dont les résidus de récolte servent de fourrage au bétail.

Les variétés hâtives sont prioritairement utilisées dans la culture du maïs pour la production de pré-crue selon les acteurs. Vu la fluctuation des précipitations, l'utilisation des semences améliorées de maïs est un gage de succès de la campagne. Si les semis sont effectués dès les premières pluies, la récolte peut intervenir avant que l'eau n'engloutisse les plants.

Selon les acteurs, les semences améliorées permettent une forte réduction de la durée du cycle de production et une meilleure résistance des plants à la variabilité des paramètres climatiques. Ces semences sont sélectionnées la plupart du temps par les services techniques de l'agriculture en fonction de la spécificité de chaque zone.

Parfois, pour éviter les conséquences de la forte chaleur sur les rendements, les acteurs de la culture de décrue abandonnent les productions qui ont besoin de plus de fraîcheur comme la pastèque et le melon principalement.

Pour ce qui est du vent, les producteurs ne manquent pas d'ingéniosité. Pour atténuer l'action des vents sur les productions de décrue, ils créent les champs en conservant les plants d'épineux qui poussent pendant les périodes de remontée des eaux (Photo 11). Ainsi d'une année à l'autre, on utilise les mêmes terrains protégés par une haie vive naturelle qui se densifie et améliore son rôle de brise-vents.

Prise de vue : Yanogo, Avril 2009

Photo 11: Une haie vive naturelle pour la protection de la production de tabac contre les vents à Lenga

198

Mais tous les terrains de culture ne sont pas protégés de la sorte et cela joue sur la rentabilité de l'activité. Les acteurs affirment que la production de certaines espèces n'est pas possible sans dispositif de protection. C'est par exemple le cas du tabac qui est une plante très sensible aux vents.

Le tableau XV fait le point des stratégies d'adaptation développées par les acteurs de la culture de décrue.

Tableau XV : Les stratégies d'adaptation développées dans le secteur de la production de décrue

Activité	Paramètre climatique	Conséquences sur l'activité	Stratégies développées
Culture de décrue	Variation de la pluie et de la température	Réduction du nombre de campagne ; Abandon de la production de certaines spéculations ; Assèchement précoce des parcelles ; Recrudescence des maladies ; Arrosage d'appoint	Utilisation de semences améliorées ; Abandon des spéculations trop sensibles à la chaleur ; Utilisation des espaces non exploités pour le maraîchage
	Vitesse du vent	Verse de plants ; Prolifération des maladies ; Destruction des spéculations à fleure	Conservation et entretien des haies

Source : Enquêtes terrain, 2009

Comme au niveau sur les parcelles de riziculture, les stratégies développées dans le domaine de la décrue connaissent également un engouement disproportionné. Les deux stratégies les plus utilisées restent l'usage de la semence améliorée, la conservation et l'entretien des haies. Compte tenu des variations des paramètres du climat (variation des précipitations et de la température) le choix de la semence est devenu primordial pour les cultures de décrue. En effet, il faut réduire l'impact de la fluctuation des eaux du barrage et du stress hydrique sur les spéculations à cause des hausses constatées de la chaleur. Et cela, par le biais des semences à cycle court et à haut rendement. Une multitude de choix en semences améliorées est rendue possible. Selon le Document de « capitalisation des initiatives sur les bonnes pratiques agricoles au Burkina Faso » (Ministère de l'Agriculture de l'Hydraulique et des Ressources Halieutiques, 2008), les recherches dans le cadre du programme protéagineux de l'INERA ont abouti à la mise au point de paquets technologiques appropriés pour la production intensive du niébé (variétés améliorées, densité de plantation, application de NPK, traitement insecticide). Même si toutes ces techniques ne sont pas enseignées aux acteurs de la culture de décrue à Lenga, leur application donne, selon les acteurs, des résultats satisfaisants pour l'amélioration du cycle, du rendement et surtout pour la protection contre les différents ravageurs.

L'action des vents sur les zones dégarnies de végétation pour la réalisation des aménagements invite à insister sur les techniques de haies pour éviter la verse de la production et les dégâts collatéraux surtout sur les spéculations fragiles (Marius-Gnanou, 1991). La conservation des haies permet aussi de sauvegarder un tant soit peu l'écosystème autour du plan d'eau et des cours d'eau pour ce qui est de la zone de Bagré.

1.3. Les solutions d'adaptation des maraîchers

La variabilité climatique a de multiples répercussions sur la productivité dans le maraîchage. La production maraîchère se faisant sur les rives du lac, le niveau de remplissage commande le début de la production et l'étendue de la superficie exploitable. Le niveau des eaux en période de crue entraine un début tardif de la production car il faut attendre le reflux des eaux pour avoir accès aux terrains de culture. En plus, le retrait rapide met en difficulté les acteurs à cause du mode d'arrosage manuel avec des outils rudimentaires (Photo 12). Pour parer à cette situation, des maraîchers s'associent en groupements et acquièrent une motopompe pour refouler l'eau vers leur exploitation. Ils utilisent des procédés individuels comme les pompes à pédale, « Pompe Nafa » pour puiser et refouler l'eau dans leur exploitation. Ces techniques de refoulement des eaux permettent une augmentation des surfaces exploitables et l'évitement de la demande répétitive des terres. Selon les maraîchers, les espaces de production appartiennent aux autochtones qui y sont prioritaires et l'accès pour toute exploitation est conditionné par leur accord. Comme les motopompes et les « Pompes Nafa » ne sont pas accessibles à tous, la production maraîchère des propriétaires se fait en poursuivant les espaces libérés par le retrait de l'eau. Les propriétaires de « Pompes Nafa » arrivent ainsi à se sédentariser sur leur parcelle maraîchère malgré le retrait de l'eau.

Prise de vue : Yanogo, Avril 2009

Photo 12: Outils pour l'arrosage manuel des parcelles de maraîchage à Niaogho

Pour les dégâts des pluies précoces sur la production maraîchère, les acteurs évoquent comme stratégie d'adaptation la production d'espèces pouvant supporter les pluies comme les choux et l'oignon. Ils évitent la culture de la tomate, par exemple, lors de la dernière campagne, car ce produit se décompose rapidement après les premières pluies et est très vulnérable aux attaques des maladies et parasites malgré les traitements phytosanitaires pendant cette période.

Des stratégies sont également développées pour faire face aux fortes températures sur les terres de production maraîchère. Pour les maraîchers, la fluctuation de la température affecte dangereusement la rentabilité de la production en l'absence de mesures appropriées. La principale action est la répétition de l'arrosage pour éviter l'assèchement des parcelles. En outre le paillage est fortement utilisé pour retenir au maximum l'humidité dans le sol. La méthode la plus utilisée est le paillage à base de chaume. Elle consiste à couvrir les parcelles de production par des bandes d'herbes (Photo 13). Cette pratique est également retrouvée dans le Centre-Nord du Burkina où il est aussi bien utilisé sur les champs de cultures pluviales (Ouattara, 2004), que pour celles de contre saison autour des plans d'eau du lac Dem et Bam (Ouedraogo, 2004). Selon les maraîchers de notre site d'étude, le paillage permet de conserver un tant soit peu l'humidité en ralentissant l'évaporation due à la hausse de la température durant la saison sèche. Parfois des sacs de jute sont utilisés pour renforcer les bandes d'herbes (Photo 14). Mais les maraîchers assurent du retrait du chaume, à certains moments, pour permettre aux plants de profiter des rayons solaires pour leur développement.

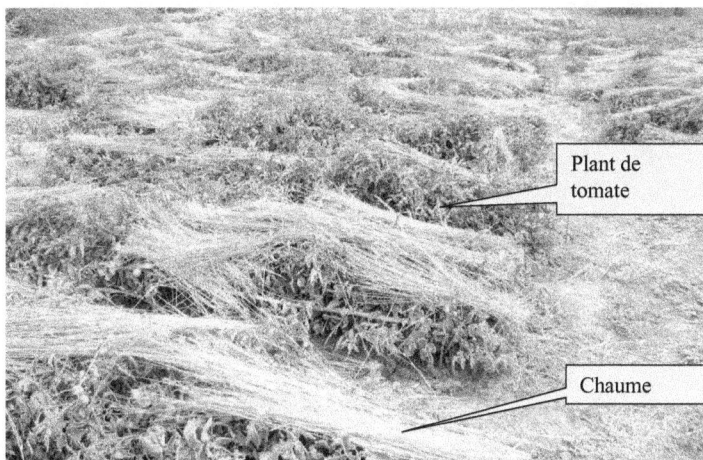

Prise de vue : Yanogo, Avril 2009

Photo 13 : Paillage à base de chaume sur une parcelle de tomate en production maraîchère à Niaogho

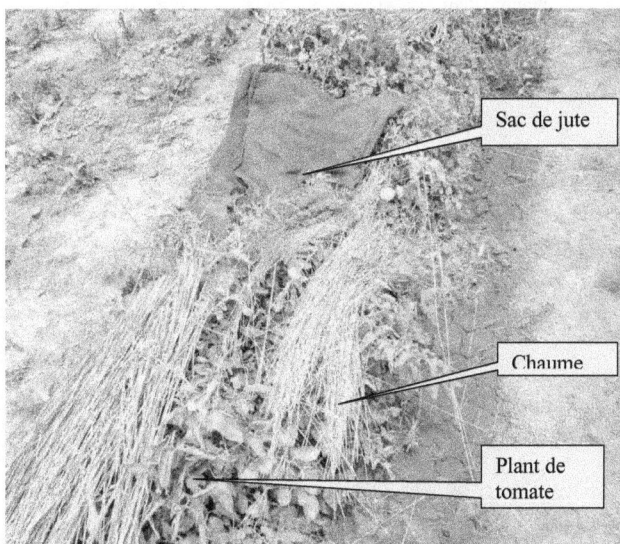

Prise de vue : Yanogo, Avril 2009

Photo 14 : Paillage à base de chaume et de sacs de jute sur une parcelle de tomate en production maraîchère à Niaogho

Pour les autres productions, notamment l'oignon et le piment, le paillage se fait au pied des plants avec du chaume et/ou des feuilles mortes (Photos 15, 16 et 17).

Plants d'oignons

Paillage à base de chaume

Prise de vue : Yanogo, Avril 2009
Photo 15 : Paillage à base de chaume dans une parcelle d'oignon sur le site de Niaogho

Plants d'oignons

Feuilles sèche servant de paillage

Prise de vue : Yanogo, Avril 2009
Photo 16 : Paillage à base de feuilles mortes de karité dans un champ d'oignon sur le site de Niaogho

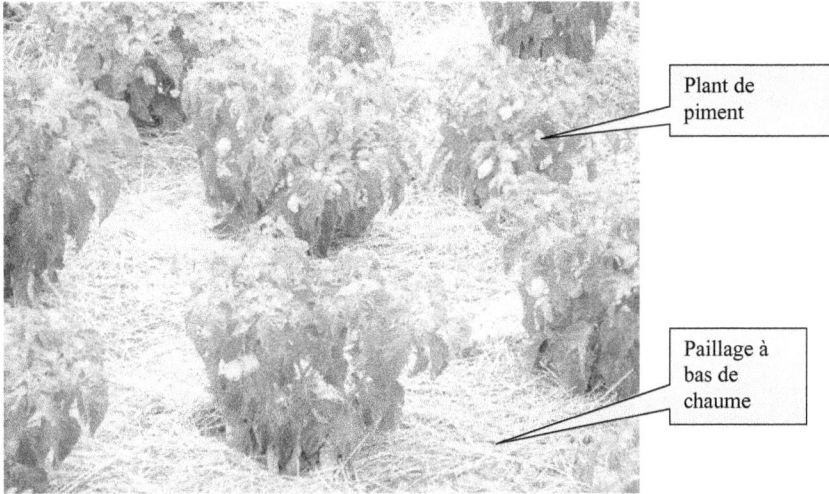

Plant de piment

Paillage à bas de chaume

Photo 17 : Paillage à base de chaume dans une parcelle de piment sur le site de Niaogho

La technique de paillage est également utilisée dans les vergers autour du plan d'eau pour atténuer l'action de la canicule et permettre aux plants de profiter au mieux de l'arrosage (Photo 18).

Oranger

Paillage à bas de chaume

Photo 18 : Paillage à base de chaume au pied d'un oranger dans un verger à Niaogho

L'action du vent est aussi ressentie par les maraîchers comme un des paramètres pouvant compromettre les rendements. Le vent contribue selon eux à l'assèchement rapide des parcelles de culture et pour y remédier, ils ont recours le plus souvent à des haies mortes (Photo 19). Il s'agit principalement de palissades réalisées avec les tiges de mil autour des parcelles d'exploitation.

Haie morte

Prise de vue : Yanogo, Avril 2009

Photo 19: Une haie morte à base de tiges de mil à Niaogho

En plus des haies, d'autres techniques servent de stratégies d'adaptation : tuteurage des plants fragiles, combiné à l'association culturale (Photo 20). Ainsi, les maraîchers utilisent des plantes robustes (gombo par exemple) pour soutenir les plants sensibles au vent comme la tomate.

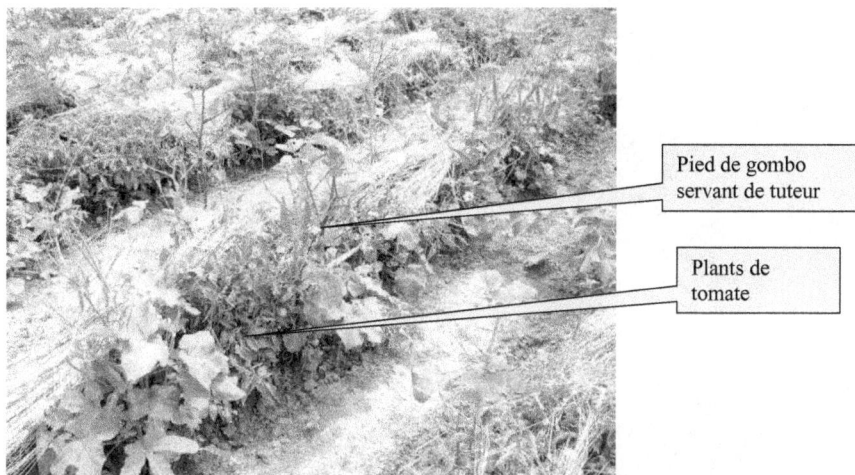

Pied de gombo servant de tuteur

Plants de tomate

Prise de vue : Yanogo, Avril 2009

Photo 20: Une association de cultures en production maraîchère qui permet aux plants de gombo de jouer le rôle de tuteurs pour la tomate

Une autre forme de tuteurage utilise des branches d'arbres comme piquets supports pour les espèces sensibles au vent (Photo 21). Cette méthode est très répandue sur les parcelles de tomate dans la zone d'étude.

Prise de vue : Yanogo, Avril 2009
Photo 21 : Des tuteurs pour les plants de tomate

Le tuteurage constitue aussi une technique très utilisée dans les vergers en bordure du lac.

Les plants des vergers sont généralement de grande taille, donc plus vulnérables aux vents dans un environnement dégarni de couvert végétal depuis la mise en eau du barrage. L'intensité du vent est telle que certains plants ayant résisté au déracinement sont devenus tortueux ou penchés dans la direction du vent dominant (Photo 22). Ce phénomène affecte surtout le papayer qui occupe d'importantes superficies autour du lac.

Pieds de
papayer
déformés

Prise de vue : Yanogo, Avril 2009

Photo 22: Des plants de papayer déformés sous l'action du vent

Ainsi l'utilisation des branches comme tuteurs apparaît comme le seul
moyen de résister à la force des vents sur les arbustes (papayers,
citronniers, orangers, etc.) (Photo 23). Cela s'explique par la disponibilité
des branches d'arbres pour servir de tuteurs.

Plant de papayer

Tuteurs

Prise de vue : Yanogo, Avril 2009

Photo 23 : Des papayers soutenus par des tuteurs dans un verger à Niaogho

Selon les maraîchers, les vents contribuent à l'évapotranspiration et est également une source d'inefficacité des traitements phytosanitaires. Comme solution à ces préoccupations, ils multiplient l'arrosage des parcelles en attendant les moments d'accalmie des vents dans la journée ou même la nuit pour le traitement phytosanitaire.

Les stratégies d'adaptation des maraîchers sont consignées dans le tableau XVI.

Tableau XVI : Les stratégies d'adaptation développées dans le secteur de la production maraîchère

Activité	Paramètre climatique	Conséquences sur l'activité	Stratégies développées
Maraîchage	Variation de la pluie	Réduction du nombre de campagne ; Pourrissement de la production	Utilisation d'outils moderne d'arrosage : pompe Nafa ; Utilisation de spéculations résistantes aux pluies précoces
	Variation des températures	Difficulté de conservation de la production ; Réduction des espaces de production ; Assèchement des parcelles	Répétition de l'arrosage ; Paillage
	Vitesse du vent	Assèchement précoce des parcelles ; Verse de plants ; Prolifération des maladies	Haie morte ; Tuteurage ; Traitement phytosanitaire en temps d'accalmie

Source : Enquêtes terrain, 2009

Pour les maraîchers, l'utilisation des stratégies devient une nécessité pour l'amélioration de la production à Niaogho. Les stratégies qui connaissent le plus d'engouement restent le paillage, la répétition de l'arrosage, le tuteurage et la technique des haies. Pour eux le choix des spéculations est maintenant intégré dans la pratique et il est plus que naturel d'opérer ces choix suivant les campagnes pour espérer une récolte. De toutes ces stratégies, sauf le tuteurage et la pose des haies mortes d'épineuses posent problème dans leur application car leur efficacité demande une destruction des arbres et arbustes dans un environnement déjà dégradé.

Le paillage, qui est une stratégie d'adaptation biologique. Il est l'une des excellentes stratégies autant sur le plan social, environnemental, technique et économique pour palier les effets néfastes de la variabilité climatique dans le contexte du Burkina Faso (Partenariat National de l'Eau, 2010). Pour les acteurs de la culture de décrue, il permet ainsi de lutter contre l'érosion éolienne et hydrique et/ou de restaurer les propriétés physico – chimiques des terres de culture en favorisant l'infiltration des eaux de pluie, la conservation de l'humidité et l'activité biologique des termites. Il faut simplement tenir compte lors du traitement de paillage du sens d'écoulement des eaux et de la direction des vents dominants.

Face à une évapotranspiration élevée, le paillage permet de maintenir plus longtemps l'humidité et diminuer ainsi la fréquence d'irrigation. Aussi, pour Lepage (2004), le paillage favorise-t-il l'activité de la microfaune et celle-ci contribue à améliorer la structure du sol, à réduire l'évaporation et à augmenter l'infiltration.

Le paillage permet la protection du sol, la révégétalisation, la réduction de l'évapotranspiration, la stimulation de l'activité biologique, l'augmentation de la porosité du sol, l'amélioration de la fertilité du sol et donc une augmentation des rendements.

Ainsi, selon les acteurs, le paillage est incontestablement l'une des meilleures stratégies développées dans la culture de décrue et permet la continuité de l'activité quelles que soient les conditions de variabilité du climat de la zone de Bagré et surtout d'espérer à la fin de meilleurs rendements.

1.4. Les stratégies d'adaptation des éleveurs

Pour les éleveurs, la quantité de pluie reçue est le principal baromètre de la disponibilité du pâturage dans la zone pastorale. La variabilité des précipitations a une grande influence sur l'état du pâturage si bien que les acteurs identifient les années de bonne pluviométrie à travers la production de la biomasse herbacée qui sert de pâture animale.

Comme l'eau, l'abondance de pâturage est très liée à la pluie. Celui-ci est composé des pâturages naturels de savane, des jachères et des résidus de récoltes, exploités en proportions variables selon la saison.

Pour les acteurs de l'élevage, la variabilité des précipitations a de multiples conséquences sur leurs activités. Les principales conséquences sont, selon eux : la fragilisation des écosystèmes de pâture qui causent indisponibilité du pâturage surtout en saison sèche et le tarissement précoce des cours d'eau. A Tibga, dans la province du gourma (Burkina Faso) ses mêmes conséquences sont constatées par les acteurs de l'élévage qui mettent plus l'accès sur le tarissement précoce des cours d'eau (Yaolpougoudou, 2007). Pour parer à l'insuffisance de pâturage en année de faible pluviométrie, les éleveurs déploient plusieurs stratégies d'adaptation dont : la culture du fourrage qui se développe progressivement et la constitution d'un stock fourrager à partir des résidus de cultures (Photo 24). Cette stratégie est aussi utilisée par les éleveurs enquêtés par Zepkete (2009) dans la zone soudano sahélienne du Bénin (15% à Karimama et 25% à Banikoara).

Résidus de récoltes

Prise de vue : Yanogo, Avril 2009

Photo 24: Des résidus de récoltes stockés sur un arbre et sur un hangar pour l'alimentation du bétail dans la zone pastorale de Tcherbo-Doubégué

Selon 98 % des personnes de l'échantillon d'enquête et des résultats de l'entretien, la complémentation alimentaire par l'utilisation des sous-produits agro-industriels (SPAI), composés de tourteau de coton, de drèche, de mélasse, etc., est devenue indispensable de nos jours (Photo 25). Les SPAI procurent aux animaux tous les nutriments difficiles à trouver dans le pâturage sec, leur assurant ainsi un état de santé acceptable.

Prise de vue : Yanogo, Avril 2009

Photo 25: Des Sous Produits Agro-Industriels (SPAI) prêts pour l'alimentation du bétail

Pour se procurer du numéraire nécessaire à l'achat des SPAI en période de « soudure fourragère », 95 % des éleveurs pratiquent l'embouche bovine et ovine (Photo 26). Cette pratique est également mentionnée dans la cuvette du barrage de Ziga avec 25% des paysans qui applique l'embouche aux bovins, contre 49% aux ovins (Zoungrana, 2010).

Prise de vue : Yanogo, Avril 2009

Photo 26 : Des moutons en stabulation pour l'embouche

Un autre palliatif à la raréfaction du fourrage herbacé est l'exploitation des pâturages aériens fournis par les épineux de la zone pastorale, ainsi que les pâturages verts des zones d'inondation le long du plan d'eau ou sur les zones non dominées dans les périmètres rizicoles (Photo 27).

Prise de vue : Yanogo, Avril 2009

Photo 27 : Un troupeau de bœufs traversant les périmètres rizicoles
à la recherche de pâturages verts

215

Pour le pâturage aérien, *Afzelia africana* est selon les éleveurs la seule espèce fourragère qui porte des feuilles vertes en période sèche, ce qui favorise son utilisation en saison sèche. Ils sont néanmoins conscients que les coupes répétées des arbres diminuent la production des fruits, ce qui peut compromettre la régénération de l'espèce qui serait menacée de disparition. Kagone (2004) explique que la surexploitation des ligneux fourragers tels que *Pterocarpus erinaceus, Afzelia africana* et *Khaya senegalensis* pour nourrir leurs animaux obéit à la nécessité de suppléer au déficit quantitatif et qualitatif des pâturages herbacés en fin de saison sèche. Cette pratique est également évoquée par Zepkete (2009) qui mentionne que 55%, 75% et 90% des éleveurs enquêtés lors de son étude respectivement à Malanville, Banikoara et de Karimama utilisent les ligneux fourragers en saison sèche. Et pour les éleveurs du milieu d'étude, la sécurisation du pâturage en toute saison passe par le reboisement de la zone pastorale en espèces appétées par les animaux.

La variabilité de la température joue aussi sur la disponibilité de pâturage. Selon les éleveurs, la hausse de la chaleur a pour inconvénient l'assèchement précoce des pâturages herbeux et la chute des feuilles appétées par le cheptel. Cette situation favorise les feux de brousse, compromettant souvent la collecte du fourrage pour le stockage (Kagone, 2004 et Sané 2003). Pour préserver la zone pastorale des feux de brousse d'origine extérieure, les éleveurs insistent sur la mise en place et l'entretien d'une piste ou d'un pare-feu périmétral de la zone pastorale.

Le vent a pour principale conséquence la prolifération des maladies dont les zoonoses et de la peste aviaire, selon les acteurs. Pour y faire face, ils assurent un suivi vétérinaire du bétail, l'achat de bons produits de traitement et surtout le respect des calendriers de vaccination. Le tableau

XVII fait le point des stratégies d'adaptation initiées dans le secteur de
l'élevage.

Tableau XVII : Les stratégies d'adaptation développées dans le secteur de l'élevage

Activité	Paramètre climatique	Conséquences sur l'activité	Stratégies développées
Elevage	Variation de la pluie	Apparition d'espèces végétales non appétées ; Insuffisance du pâturage ; Fragilisation des écosystèmes pâturés ; Assèchement précoce du pâturage et des cours d'eau secondaires	Culture de fourrage ; Stockage des résidus de récolte ; Utilisation des SPAI ; Exploitation des pâturages aériens ; Parcours sur les périmètres et zones inondées en saison sèche ; Embouche bovine et ovine ; Reboisement d'espèces appétées
	Variation des températures	Persistance des feux de brousse Apparition d'espèces végétales non appétées Divagation des animaux	Entretien du par-feu périmétral de la zone
	Vent	Noyade du cheptel Recrudescence des épizooties	Suivi vétérinaire ; Respect du calendrier de vaccination ; Achat de bons produits de traitement vétérinaire

Source : Enquêtes terrains, 2009.

Les meilleurs stratégies d'adaptation des acteurs de l'élevage de la zone
pastorale de Tcherbo-Doubégue, encouragées par les autorités de la MOB
sont principalement les stratégies utilisant des techniques agroforestières
et le respect du calendrier de vaccination du cheptel. Pour les techniques
agroforestières, il s'agit essentiellement de la culture de fourrage, le
reboisement d'espèces appétées, de l'entretien du pare-feu perimétral de
la zone (même s'il n'a pas été officiellement aménagé) et de l'usage des
SPAI pour l'alimentation du bétail en période de soudure.

Mais l'engouement des acteurs est axé le stockage des résidus de récolte, l'exploitation des pâturages aériens, les parcours sur les périmètres et zone inondés en saison sèche et l'embouche bovine et ovine. Selon le document du Ministère de l'Agriculture, de l'Hydraulique et des Ressources Halieutiques (2008) « capitalisation des initiatives sur les bonnes pratiques agricoles au Burkina Faso », le manque de pâturage du à la variabilité du climat contraint les éleveurs à opter pour l'élevage intensif surtout dans les zones pastorales. Les troupeaux d'animaux sont réduits et conservés dans un enclos où ils bénéficient de plus de soins. L'alimentation est assurée par des stocks de foin (résidus de récolte de mil, sorgho, maïs, arachide et niébé) et par les sous produits industriels (tourteau de coton, drèche, mélasse, etc.). Les producteurs sont formés à la culture de fourrage, au séchage, au bottelage et on assiste de plus en plus à l'apparition d'une nouvelle activité : la commercialisation du foin pour bétail.

Par contre, l'exploitation du pâturage aérien est à l'origine de la forte dégradation du couvert végétal de la zone pastorale. Elle contribue également à la raréfaction des espèces végétales appétées à cause de la forte pression sur elles. Il en est de même pour les parcours sur les périmètres aménagés et les zones inondables en saison sèche, qui sont des pratiques qui enveniment les conflits entre agriculteurs et éleveurs à cause des potentiels dégâts dans les parcelles rizicoles, de maraîchage et de culture de décrue.

1.5. Une pêche plus écologique

La fluctuation des précipitations a des répercussions sur la productivité de la pêche dans le lac Bagré (Coulibaly, 1997). En effet, le remplissage du plan d'eau dépend des volumes d'eau de ruissellement dans le bassin versant. Le maximum d'eau dans le lac permettrait une bonne reproduction des poissons, selon les pêcheurs. Cette assertion, sur l'importance du remplissage du plan d'eau pour la reproduction des poissons, est confirmée par Ouédraogo et Zigani (1994) dans leur étude sur les perspectives de la pêche et également par SOCREGE (1998) dans l'étude des potentialités halieutiques à Bagré. L'ouverture des vannes d'évacuation de crues facilite la migration de la ressource halieutique vers l'aval, d'où des périodes de faible production halieutique en amont. Pour stabiliser la production halieutique, des zones de reproduction où la pêche est interdite, ont été établies sur le lac par les agents du PAIE en concertation avec les pêcheurs et la MOB (Yanogo, 2003). Les pêcheurs jouent leur partition en respectant scrupuleusement les zones de frayère. Les groupements de pêche de chaque débarcadère sensibilisent les pêcheurs et assurent la surveillance de ces zones stratégiques.

Vu que la chaleur influence la conservation des productions, la consigne chez les pêcheurs est de travailler de préférence la nuit et de sortir la production tôt le matin, où le temps est clément.

Selon les pêcheurs, il est difficile de trouver une solution à l'action du vent ; mais ils préconisent le reboisement des berges du plan d'eau et le renoncement aux filets maillants et aux palangres. Seul le filet épervier est utilisé en cette période pour une production de maintien (Coulibaly, 1997). Aussi les groupements de pêcheurs sensibilisent-ils leurs membres à ramener hors de l'eau tout filet décroché rencontré dans le fond du lac. C'est la solution pour le nettoyage du fond de lac pour minimiser l'encombrement du lac par le matériel de pêche abandonné.

La période de vent fort est dans l'ensemble celle de la baisse de l'activité de pêche et est par conséquent celle de prédilection des allochtones pour visiter leur famille dans leur village d'origine.

Le point des stratégies d'adaptation, initiées par les pêcheurs autour du lac Bagré, est présenté dans le tableau XVIII.

Tableau XVIII : Les stratégies d'adaptation développées dans le secteur de la pêche

Activité	Paramètre climatique	Conséquences sur l'activité	Stratégies développées
Pêche	Variation de la pluie	Baisse de la production à l'ouverture de vannes du barrage Recrudescence des pratiques de pêche néfastes	Etablissement de zones de reproduction ; Sensibilisation des acteurs et surveillance des zones de frayère
	Variation des températures	Difficulté de conservation des captures Baisse de la production	Pêche de nuit
	Actions du vent	Destruction du matériel de pêche Réduction du nombre de jour de pêche	Reboisement des berges ; Activité avec l'épervier seulement ; Nettoyage du fond du lac des matériaux de pêche emportés par les vents

Source : Enquêtes terrains, 2009.

Ces initiatives sont bien accueillies par les autorités de l'aménagement et le document de « capitalisation des initiatives sur les bonnes pratiques agricoles au Burkina Faso » révèle que la protection de berges par la plantation d'arbres constitue une action de protection des ressources en eau. En effet, la protection des berges prévient l'ensablement et assure la pérennité des cours d'eau, toute chose qui permet également de pérenniser l'activité de pêche sur les rives du lac Bagré.

De l'ensemble des stratégies développées par les acteurs pour freiner l'impact de la variabilité des paramètres climatiques sur leurs activités, seules certaines stratégies développées dans les secteurs d'activité induite par l'aménagement de Bagré ont été soutenus par les autorités du projet à travers des appuis techniques et infrastructurels.

En effet dans le domaine de l'élevage, les autorités du projet ont accompagné les acteurs pour la réussite des reboisements des espèces locales appétées, la culture du fourrage, le suivi sanitaire du cheptel (avec la mise en place de parc à vaccination et un dépôt de produits vétérinaires dans la zone pastorale) et surtout pour l'utilisation des SPAI pour le soutien alimentaire du cheptel pendant les saisons sèches.

Pour ce qui est de la riziculture, le soutien des autorités du projet se fait à travers les sensibilisations pour le respect du calendrier agricole et les encouragements pour l'usage des semences améliorées à travers la subvention de celles-ci.

Les acteurs de la pêche sur le lac Bagré ont reçu un appui technique de taille pour la création des zones de reproduction halieutique sur le lac. Cet accompagnement a galvanisé les groupements de pêcheurs pour le renforcement de la sensibilisation sur l'intérêt des zones de frayère et surtout pour leur protection.

Les activités issues de l'initiative des riverains du lac n'ont reçu aucun accompagnement quelconque de la part des autorités du projet Bagré dans leur quête de solution pour atténuer les effets liés à la variabilité des paramètres du climat sur leurs activités. Les stratégies développées, comme le paillage ou le tuteurage, n'ont connu aucun accompagnement technique des autorités. Les acteurs de ces activités n'ont même pas bénéficié de l'initiative de subvention des semences améliorées et des intrants agricoles initiée par l'Etat. La principale raison évoquée est que ces activités se mènent sur les berges immédiates du plan d'eau et sont causes de l'ensablement et de l'envasement de l'aménagement hydraulique. Ces activités que sont le maraîchage et la culture de décrue ne respectent donc pas la zone de mise en défens de 100 mètres autour des cours d'eau et du plan d'eau recommandée par les politiques nationales de protection des berges et des écosystèmes aquatiques (MOB, 2008).

Des entretiens avec les services de la MOB, il ressort que des études sont en projet pour trouver les solutions idéales pour le respect des périmètres de protection autour du lac Bagré et la reconversion des acteurs à la pratique d'activités exploitant les potentialités de la ressource eau du lac, mais plus protectrices des berges du plan d'eau et des écosystèmes aquatiques.

2 : Les impacts économiques et la ventilation des revenus tirés des activités autour du plan d'eau de Bagré

L'avènement des aménagements hydroagricoles et leurs opportunités ont entrainé une forte pression foncière à travers une nouvelle dynamique d'occupation des terres. Outre l'occupation d'une partie des terres de cultures par le plan d'eau, la zone a vu l'émergence de nouvelles activités et le renforcement de certaines activités traditionnelles qui permettent aux riverains de tirer profit des aménagements du projet Bagré.

La restructuration des zones d'exploitation autour des aménagements du projet Bagré a pour principal objectif une meilleure utilisation des potentialités de la zone tout en la soustrayant un tant soit peu aux effets de la variabilité du climat aussi, grâce aux stratégies d'adaptation locales. En termes de retombées de ces activités, l'analyse s'appuie sur les revenus des acteurs et leur répartition dans les secteurs clés, dont l'accès aux services sociaux de base tels que la santé, l'éducation, l'alimentation, etc.

2.1. Les revenus des activités

Les revenus des acteurs sont variables suivant les activités d'adaptation autour du lac Bagré et également selon les ingéniosités développées pour atténuer l'impact des effets des aléas du climat. L'estimation des revenus bruts intègre toutes les charges liées à la production.

En effet, les estimations issues des fiches d'enquête et des entretiens avec les pêcheurs donnent des revenus annuels moyens de 883 628 F CFA/acteur. Cette estimation combine la moyenne des revenus des professionnels et des semi professionnels. Avec une charge moyenne en équipement de 7 555 F CFA et une redevance annuelle de 7 000 F CFA par acteur, le revenu net annuel avoisine 869 000 F CFA/pêcheur, soit un revenu mensuel net d'environ 72 500 F CFA. Les charges de renouvellement du matériel varient entre 4 000 FCFA par an pour certains, près de 35 000 FCFA pour d'autres (pêcheurs professionnels). Ces valeurs paraissent élevées au regard des résultats d'autres études : 244 668 F CFA/ AN/ pêcheur (SOCREGE, 1998), 260 917 F CFA/ AN/ pêcheur (Ouedraogo, 2006). Les écarts constatés peuvent résulter aussi bien d'erreurs d'évaluation, d'une distribution inégale du revenu selon le site, ou d'une amélioration progressive du revenu de pêche (Zoungrana, 2010).

La charge moyenne en équipement est faible pour l'ensemble des pêcheurs. Cela s'explique par la difficulté de renouvellement du matériel des pêcheurs semi professionnels. Ils utilisent surtout le filet épervier, instrument fabriqué par eux-mêmes. Cette donne fait baisser la charge moyenne en équipement par rapport à celle des pêcheurs professionnels.

Le revenu des maraîchers est fonction des campagnes. Ainsi les retombées des premières et dernières campagnes maraîchères sont les plus élevées en termes de revenus monétaires. Les recettes par acteur en ces périodes peuvent atteindre 500 000F CFA pour les plus expérimentés ou ayant des outils modernes d'arrosage. La campagne intermédiaire, période d'abondance de terres de culture maraîchère, est celle qui connaît le plus souvent les méventes et les avaries des produits. En somme, les revenus moyens annuels du secteur maraîcher est de l'ordre de 310 000F CFA par acteur. En tenant compte des charges liées à l'activité, le revenu net moyen est de l'ordre de 284 000 FCFA/an/acteur. Ces charges sont, principalement constituées des frais d'équipement et des intrants, estimées en moyenne à 26 000F CFA/an/ acteur.

Les activités de décrue sont pourvoyeuses de revenus. Bien que la production soit essentiellement destinée à l'autoconsommation selon les acteurs, une partie est commercialisée pour subvenir à certains besoins vitaux. La production arrivant sur le marché pendant la saison sèche, période de soudure, le producteur en tire un meilleur prix en comparaison de ceux de la production pluviale. Le kilogramme de niébé passe de 180 à 200 F CFA pendant la saison pluvieuse à 400 à 500 F CFA pendant la campagne de décrue. Le prix d'un kilogramme de maïs est vendue 100 à 140 FCFA à la fin de la saison pluvieuse, contre 250 à 300 F CFA pour les productions issues de la culture de décrue.

Des fiches d'enquête et des entretiens, il ressort que les quantités récoltées par acteur à l'issue des campagnes de décrue oscillent entre 4 à 5 quintaux de maïs et de niébé, principales spéculations. La production de pastèque et de tabac n'a pas pu être quantifiée. Les seules données acquises, sur les revenus des acteurs de la culture de décrue, proviennent des estimations des producteurs. Du fait que juste une partie des productions de la culture de décrue soit commercialisée, les acteurs évaluent, sur la base des recettes, un revenu brut moyen d'environ 304 200 F CFA par an et par personne. En tenant compte des charges pour la réalisation de l'activité, le revenu net moyen serait alors de 274 200 F CFA/acteur.

Outre la culture de décrue, la riziculture dans les aménagements en aval de Bagré, l'activité structurante du projet, procure aux producteurs des revenus substantiels.

Depuis le début des activités, les rendements à l'hectare varient entre 3,9 et 5,55 tonnes de riz par campagne avec une moyenne de 4,5 tonnes. Bien que le prix du riz ait connu des fluctuations, le kilogramme de paddy s'est vendu à 100 F CFA depuis 2007 et celui du riz décortiqué à 250 F CFA. La majeure partie des acteurs enquêtés (90%) reconnaissent vendre leur production en paddy, pour disposer de numéraire dès les récoltes et faire face aux préparatifs de la campagne suivante.

Ainsi l'estimation des revenus des acteurs prend en compte ce comportement majoritaire des acteurs. Sur la base du rendement moyen et du prix moyen du kilogramme de riz paddy, le revenu brut moyen d'une exploitation rizicole sur les rives de Bagré s'estime en moyenne à 450 000 FCFA. L'examen du compte d'exploitation actuel, déduction faite des charges, permet d'établir un revenu net moyen par campagne de 276 625 FCFA, donc à une estimation annuelle de revenu net moyen de 553 250 FCFA par acteur.

Les charges de production comprennent la redevance eau et les frais de stockage des récoltes, l'achat des intrants et le renouvellement des équipements (Tableau XIX).

Tableau XIX: Les charges de production de riz à Bagré

Charges par hectare	Coût subventionné /campagne (FCFA)	Coût sans subvention /campagne(FCFA)
Semences	2 000	25 000
Urée	37 500	57 000
NPK	56 000	90 000
Fumure organique	10 000	10 000
Herbicide	12 000	12 000
Charges fixes équipement	20 875	20 875
Redevance eau	17 500	17 500
Frais de stockage	17 500	17 500
Total des charges	**173 375**	**249 875**
Total recettes	**450 000**	**450 000**
Revenu net par campagne	**276 625**	**200 125**

Source : Données de terrain, 2009

Les revenus générés par l'élevage n'ont pu être estimés ni lors des entretiens ni par la collecte des données par le biais des questionnaires. Bien qu'étant dans une zone pastorale où l'objectif principal de l'activité est l'intensification, les éleveurs de Tcherbo-Doubégué sont plus dans l'élevage de prestige et acceptent difficilement de donner la composition et l'effectif de leur cheptel, ou le pourcentage de cheptel vendu. L'estimation du cheptel est plutôt faite par hameau, ce qui n'a pas permis le calcul de revenu à l'échelle du ménage.

De tous les revenus des acteurs enquêtés autour du plan d'eau de Bagré, les pêcheurs ont le revenu le plus élevé. Cela peut s'expliquer par la faiblesse des charges de production et par les prix de vente élevés des captures. Mais les pêcheurs ne sont pas enviés par les autres acteurs qui trouvent leur activité harassante, risquée et difficile à pratiquer à long terme. Pour eux, les revenus de la pêche baissent forcement suivant l'âge de l'acteur.

A part les acteurs de la pêche, de l'élevage et de la riziculture qui mènent leurs activités toute l'année, ceux œuvrant dans les activités de contre saison sont mobilisés en moyenne durant 6 mois pour leur activité et le reste du temps pour la culture pluviale. Et si l'on prend en compte juste le temps de travail dans le maraîchage ou la culture de décrue pour estimer les revenus, les acteurs de la culture de décrue seront à un revenu net moyen de 45 700 FCFA/mois et les maraîchers à un net moyen de 47 500 FCFA/mois.

Ces revenus sont légèrement supérieurs à ceux d'un agent non qualifié de la fonction publique du Burkina Faso ; même si l'on ne peut comparer qu'en fonction des épargnes principalement. En effet, un agent non qualifié à l'échelle 1 et à un point indiciaire de 2 200 à un revenu net de 33 900F CFA/mois (Décret n°2008-909/PRES/PM/MEF/MFPRE du 31/12/2008).

Cette comparaison permet de conclure que les activités autour du plan d'eau procurent des revenus aux différents acteurs par rapport à ceux qu'offre la fonction publique burkinabé selon la même catégorie. Et les différents acteurs autour de Bagré reconnaissent aisément qu'il leur serait difficile d'avoir ces revenus (même souvent temporaires) sans les différentes stratégies développées ou même par le biais de la culture de saison pluvieuse seulement.

2.2. La répartition des revenus suivant les postes prioritaires

La visibilité des acquis des activités d'adaptation autour du lac Bagré se situe dans la répartition des revenus sur les postes de dépenses des ménages. Les enquêtes ont permis l'identification des postes de dépenses prioritaires pour chaque secteur d'activité et surtout la part de revenu net moyen injectée par an dans chaque poste de dépenses par acteur (Tableau XX).

Tableau XX: Investissement moyen annuel par poste de dépense selon le secteur d'activité par acteur

Acteur / Postes dépense	Pêche	Culture de décrue	Maraîchage	Riz	Elevage
Biens manufacturés	12 200	22 500	20 000	35 000	12 400
Habitation	11 300	20 000	22 000	60 000	15 000
Élevage	6 000	11 500	9 700	10 500	
Épargne	7 000				
Habillement	63 000	64 500	70 500	100 000	42 000
Vivres	56 750		47 000	72 000	56 354
Santé	34 000	45 000	30 000	50 000	20 000
Éducation	20 000	10 700	30 000	35 000	30 000

Source : Enquêtes de terrain, 2009

Les postes de dépenses cités comme prioritaires par l'ensemble des acteurs sont essentiellement l'habillement, la santé, l'éducation, l'habitation, et l'acquisition de biens manufacturés. L'habillement est le poste qui pèse le plus dans les dépenses, représentant 23,5% du revenu net pour les acteurs de la culture de décrue, 24,82% de celui des maraîchers, 14,55% chez les riziculteurs, 7,25% chez les pêcheurs et de 42 000F CFA chez les éleveurs.

Outre l'habillement, les acteurs font face à des charges de santé et d'alimentation. Ces deux rubriques absorbent respectivement 10,56 et 16,55% du revenu net annuel chez les maraîchers, 7,8 et 10,48 % chez les riziculteurs, 3,91 et 6,53% chez les pêcheurs, et 20 000 à 56 354 F

CFA chez les éleveurs. Les acteurs de la culture de décrue, qui témoignent ne plus acheter de vivres depuis belle lurette du fait de leur capacité à s'auto suffire grâce à leurs productions, dépensent néanmoins 16,41% de leurs revenus nets annuels pour les soins de santé.

L'achat de céréales est pour les acteurs un recours pour couvrir l'insuffisance des productions céréalières de saison pluvieuse. L'acquisition de matériel de travail se fait dans le souci de l'intensification de la culture pluviale prioritairement.

L'éducation est un poste de dépenses pour tous les acteurs de la zone. Ils espèrent en cet investissement un renforcement des capacités de leurs enfants pour la modernisation et l'intensification des diverses activités menées, mais aussi un moyen pour les soustraire à long terme au dur labeur de leurs activités. Ainsi le domaine de l'éducation, dont le coût est fonction de la taille de la famille et de ses membres scolarisables, reçoit 10,56% des revenus nets annuels des maraîchers, 5,09% chez les riziculteurs, 3,9% des revenus des acteurs de la culture de décrue, et 2,30% du revenu net des pêcheurs. Les éleveurs quant à eux investissent environ 30 000F CFA/an dans le domaine de l'éducation. Le personnel de santé confirme que les différents producteurs de la zone de Bagré fréquentent plus les centres de soins que les autres catégories de la population. De plus, le suivi des soins par l'achat des médicaments est plus rigoureux chez ces derniers du fait de leur capacité financière.

Les revenus des acteurs des sites d'étude ne se limitent pas seulement à assurer des investissements de première nécessité. Selon eux, des investissements pour l'amélioration de leur cadre de vie à travers l'habitat sont réalisés. L'amélioration de l'habitation, sensée améliorer leur niveau de vie et leur statut social, est aisément observée sur le terrain surtout chez les riziculteurs où le changement est palpable (Photo 28).

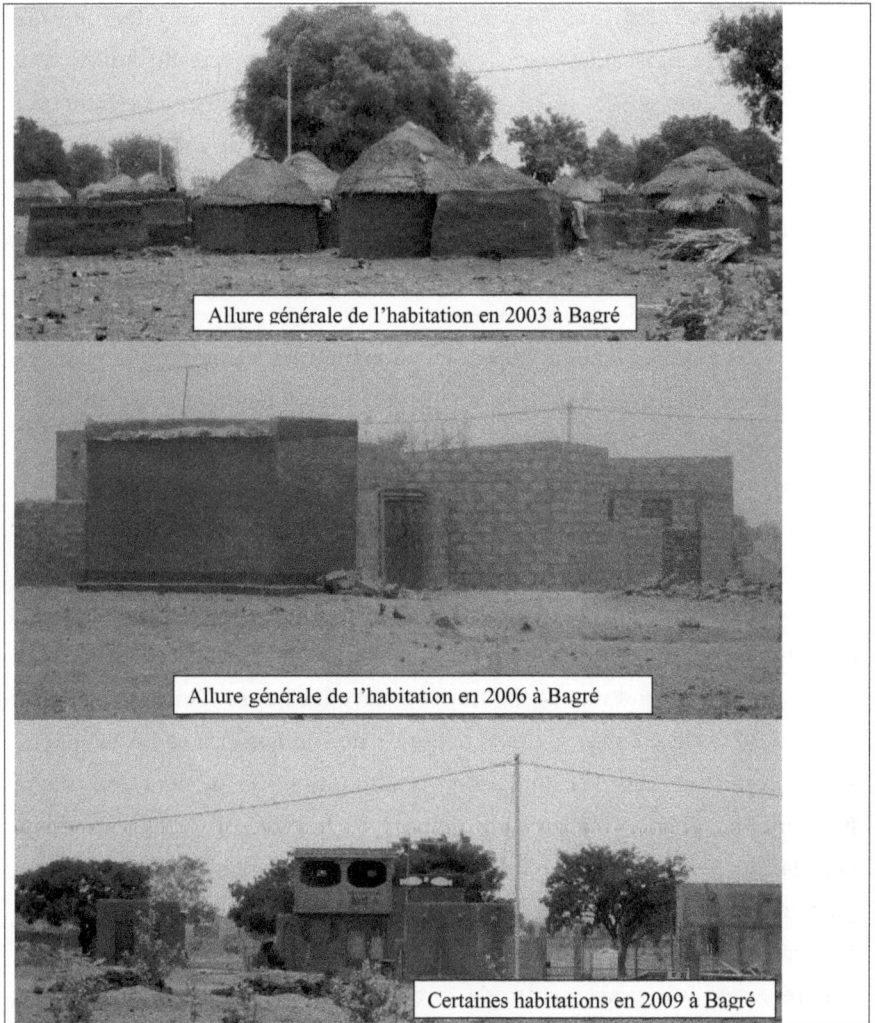

Allure générale de l'habitation en 2003 à Bagré

Allure générale de l'habitation en 2006 à Bagré

Certaines habitations en 2009 à Bagré

Prise de vue : Yanogo,

Photo 28: Evolution de l'habitation dans les villages de riziculteurs à Bagré

En termes de dépense dans cette rubrique, les producteurs de riz injectent 8,73% de leurs revenus nets annuels contre respectivement

7,75%, 7,29% et 1,30% pour les maraîchers, les acteurs de la culture de décrue et les pêcheurs.

Les investissements en construction sont une source de sécurisation pour les acteurs qui ont pour principal souci l'acquisition d'un logement adéquat pour échapper aux intempéries et assurer le bien-être de leur famille.

Des efforts de sécurisation des retombées des activités sont faits par certains acteurs par le biais de l'épargne pour les pêcheurs et la diversification des activités via le réinvestissement dans l'élevage pour tous les autres acteurs.

Au-delà de ces postes de dépenses classiques définies comme prioritaires par les acteurs, des dépenses bien que irrégulières sont effectuées et occupent une part très importante dans la répartition des revenus. Il s'agit des dépenses liées aux différentes cérémonies dans le réseau social et des investissements pour l'acquisition de moyen de déplacement.

Au titre des dépenses sociales, on dénombre celles pour l'organisation des mariages, des baptêmes, funérailles et l'entraide familiale. En effet, le réseau familial et social exige de l'acteur une contribution à hauteur de son statut dans la société.

Au total, ces dépenses bien qu'irrégulières s'élèvent en moyenne à 658 750 FCFA/an/pêcheur, 190 750 FCFA/an riziculteur, 100 000 FCFA/an/personne dans les activités de décrue et 54 800 FCFA/an/ maraîcher.

Conclusion partielle

Les variations climatiques observées par les acteurs, malgré quelques divergences avec les analyses scientifiques, sont avérées. Les conséquences relevées par les populations de ces instabilités climatiques sur l'environnement et sur leurs activités sont évidentes.

Le climat connaît une évolution lente et souvent imperceptible, les populations perçoivent ces changements à travers leurs activités. Ils établissent un lien entre la rareté de certaines ressources naturelles qu'elles exploitent, la baisse des rendements agricoles, l'échec de leur élevage et la variabilité du climat. Les impacts de la variabilité climatique peuvent être perçus directement ou indirectement tant au niveau local que régional.

Les paramètres climatiques ont subi des fluctuations mensuelles et annuelles entre 1969 et 2008 que les populations cernent.

La nouvelle dynamique d'occupation des terres autour des aménagements de Bagré par le renforcement des activités existantes ou l'adhésion aux nouvelles activités liées aux aménagements permettent à la population riveraine du lac de compenser une partie des pertes liées à la réalisation du plan d'eau et des périmètres rizicoles.

Les stratégies locales développées pour atténuer l'action des paramètres climatiques, en conformité avec leurs diverses variabilités perçues par les acteurs, permettent la continuité des activités et même leur renforcement.

Ces différents emplois procurent aux acteurs des revenus acceptables leur permettant l'accès aux services sociaux de base tels que la santé, l'éducation, l'alimentation, etc. et une amélioration des conditions de vie. Ainsi une nouvelle organisation économique fondée sur les activités est née, prend de l'ampleur et préserve les populations riveraines de la vulnérabilité alimentaire.

CONCLUSION GENERALE

Sur le Nakanbé a été construite l'une des plus importantes infrastructures hydroélectriques du Burkina Faso : le projet Bagré. Le principal objectif des points d'eau artificiels et des aménagements de grande envergure dans les pays sahéliens étant de garantir la sécurité alimentaire, la valorisation de cette infrastructure par l'aménagement d'un périmètre rizicole en aval s'est faite dans l'optique de soustraire les riverains à l'incertitude d'une agriculture soumise aux aléas climatiques. De nos jours, 3 365 hectares irrigables ont été réalisés en aval du barrage de Bagré à cet effet. La présence de la ressource eau a permis l'émergence d'une activité de pêche en cours de modernisation et la mise en place d'une infrastructure touristique qui allie tourisme récréatif au tourisme de vision par l'exploitation des potentialités fauniques et floristiques de la zone.

La réalisation de l'ouvrage de Bagré a affecté les populations en amont du barrage du fait des désagréments engendrés par la mise en eau et en aval par le retrait des espaces pour utilité publique dans le but de réaliser des aménagements pour des activités agro-sylvo-pastorales dans la zone. Malgré une restructuration des espaces de la zone de Bagré pour mieux exploiter les ressources, les populations sont toujours confrontées aux effets de la variabilité climatique et sont obligées de trouver les stratégies nécessaires pour y faire face.

Les discussions autour de la perception et des stratégies d'adaptation aux climats et à la reconfiguration de l'espace au niveau de la zone de Bagré permettent de conclure ce qui suit, en rapport avec les hypothèses de recherche :

La mise en eau du barrage et les aménagements hydro-agricoles ont modifié l'environnement de la zone de Bagré et les formes d'utilisation des ressources.

Cette première hypothèse est totalement confirmée. Les aménagements du projet Bagré ont fortement influencé le l'environnement de la zone à travers d'une part, l'inondation des terres traditionnelles par la nappe d'eau en amont, et d'autre part l'aménagement des parcelles rizicoles en aval. Cela a eu pour conséquences une perte de terres cultivables et des ressources agroforestières, la délocalisation de villages et une augmentation de la pression foncière qui met à l'épreuve les anciens systèmes de production agricoles. En effet, de 34,83% en 1989 les zones de cultures pluviales ont évolué à 38,47% de la superficie de l'espace d'étude en 2006. La savane arbustive est passée de 46,47% à 42,87% de la superficie de l'espace d'étude de 1989 à 2006. La savane arborée a baissé de 18,70% à 12,66% sur la même période.

Des nouvelles formes d'utilisation de la ressource disponible ont aussi vu le jour à travers la création d'activités dérivées des aménagements à savoir : la culture commerciale du riz sur des parcelles aménagées et attribuées en amont, la pêche autour du barrage qui constitue une activité de reconversion ou de diversification génératrice de revenus pour la population riveraine.

Cette modification de l'environnement et la nouvelle forme d'utilisation de la ressource a aussi permis le renforcement d'activités pré existantes. Ces activités ont pris de l'ampleur avec l'exploitation du potentiel hydraulique disponible dans la zone. Il s'agit de la culture de décrue, du maraîchage, et de l'élevage.

Les populations riveraines du lac ont leurs perceptions des éléments du climat qui caractérisent leur environnement.

Au fil du temps, les populations riveraines de Bagré ont compris qu'au-delà des désagréments initiaux liés à la modification de leur finage, la présence de la ressource hydraulique offre une opportunité d'amélioration de leurs conditions de vie, à travers la création des nouvelles activités et le renforcement de celles existantes. Mais elles sont aussi confrontées à un défi qui est la variabilité de la donnée climatique. Leur perception du climat s'exprime autour de paramètres qu'ils peuvent appréhender qui sont principalement les précipitations et ses variations, le vent et la chaleur ambiante à travers la température et l'insolation qui ont des répercussions sur leurs activités. Bien que l'appréhension de l'évolution de ces paramètres soit mitigée par rapport aux données scientifiques, les acteurs de la zone de Bagré prennent des initiatives pour exploiter les opportunités de cette variabilité du climat et pour atténuer leurs effets négatifs sur leurs activités dans le but d'exploiter au maximum les potentialités de la zone. D'où la vérification de cette seconde hypothèse.

En fonction de leurs perceptions, les riverains du lac développent des stratégies d'adaptation aux aléas climatiques pour leur sécurité alimentaire.

Cette hypothèse est totalement vérifiée. En effet, pour chaque secteur d'activités étudié, de nouvelles stratégies ont été développées au niveau local pour répondre à la nécessité de l'amélioration des conditions de vie. Ces stratégies se traduisent sur le terrain par une évolution des unités d'occupation des terres, capable d'atténuer la pression foncière et

235

démographique née de la mobilisation des eaux de surface et des réalisations agro-sylvo-pastorales dans la zone, mais surtout de l'exploitation des contraintes et des opportunités liées à la variabilité climatique ressentie dans la zone.

Toutes ses initiatives développées par les acteurs dans leurs activités leur permettent d'obtenir de revenus substantiels (revenu net moyen annuel de l'ordre de 869 000 F CFA/pêcheur, 284 000 FCFA/maraîcher, 274 200 F CFA/acteur de la culture de décrue et 687 250 FCFA/riziculteur) capables de supporter les postes de dépenses de premières nécessités (éducation, alimentation, santé, habitation) pour leur bien être personnel et même d'améliorer leur statut et se tisser un réseau social solide par le biais de leur contribution financière dans les activités socioculturelles dans leur zone.

En somme, la réaction de la population riveraine des aménagements de Bagré leur a permis de s'adapter aux effets liés à la modification de leur environnement et surtout de développer des initiatives d'adaptation aux aléas de la variabilité climatique. Cela, à travers la prise en compte des menaces et contraintes, mais aussi des forces et opportunités exploitables pour le renforcement de leurs revenus et l'amélioration de leur condition de vie à travers l'augmentation de la production de leurs activités d'adaptation.

Les résultats de cette recherche ouvrent des perspectives de recherche, en vue d'approfondir certains axes en rapport avec les aménagements de Bagré. Il s'agit notamment de :

➢ la variabilité climatique et la gestion des réserves de faune autour du barrage de Bagré. Cette perspective peut aider à une meilleure gestion et protection des refuges locaux d'hippopotames dans la zone amont du barrage ;

➢ l'impact des activités amont sur le comblement, la pollution de la retenue d'eau de Bagré et la promotion des principes et des bonnes pratiques en matière de Gestion Intégrée des Ressources en Eau (GIRE). Cette perspective devrait permettre la prise en compte effective des principes de la GIRE pour une meilleure gestion des opportunités liées à la retenue d'eau et pour sa pérennisation.

BIBLIOGRAPHIE GENERLE

1.   **Afouda A., Ndiaye T., Niasse M., Flint L. et Purkey D. (2007)**: *Adaptation aux changements climatiques et gestion des ressources en eau en Afrique de l'Ouest.* Rapport de synthèse du WRITSHOP tenu du 21 au 24 février 2007, 96 p.

2.   **Afouda, A., Niasse M.et Amani A. (2004)** : *Réduire la vulnérabilité de l'Afrique de l'ouest aux impacts du climat sur les ressources en eau, les zones humides et la désertification: Éléments de stratégie régionale de préparation et d'adaptation.* UICN Gland, suisse et Cambridge, Royaume Uni, 89 p.

3.   **Aguilar E., et al, (2003)**: *Guidelines on Climate Metadata and Homogenization,* WCDMP-No. 53, WMO-TD No. 1186. World Meteorological Organization, Geneva, 55 pp.

4.   **Amenagement des Vallees des Volta (1982)** : *Poursuite du périmètre pilote de Bagré,* Ouagadougou, Fiche technique, 54p

5.   **Amenagement des Vallees des Volta (1979)** : *« Stratégies d'aménagement et de mise en valeur des vallées libérées de l'onchocercose »* : in Maîtrise de l'espace agraire et développement en Afrique tropicale, Mémoires ORSTOM, 89, Paris, pp. 275-279.

6.   **Amoussou E. et al. (2009)** : *Impact de la variabilité climatique sur les apports liquides dans la basse vallée du mono (Benin, Afrique de l'ouest),* Extrêmes climatiques : génèse, modélisation et impacts; Geographia Technica. Numéro spécial, 2009, pp 35-40

7.   **Anctil F. et al (2005)**: *Hydrologie, cheminement de l'eau.* Presses internationales polytechniques, 317 p.

8.   **Andrieu N. (2006)**: *Diversité du territoire de l'exploitation d'élevage et sensibilité du système fourrager aux aléas climatiques : étude empirique et modélisation.* Thèse de doctorat de l'Institut National Agronomique Paris-Grignon ; 314p.

9.   **Atlas J.A. (1998)**: *Atlas du Burkina,* Paris, Groupe jeune Afrique. 62p

10.   **Bado J. (1996)** : *Contribution à l'analyse multicritère de la gestion du lac de barrage de Bagré sur Nakambé (aspects hydrobiologiques).* Mémoire de fin d'étude de l'ENAM. 148 p.

11.   **Badolo M. (2008)** : *Indications sur les incidences potentielles des changements climatiques sur la sécurité alimentaire au Sahel,* Cahier des changements climatiques, Bulletin mensuel d'information sur les changements climatiques de l'institut d'applications et de vulgarisation en science n°6, 9 p

12.   **Baijot E, et al. (1994)** : *Aspects hydrobiologiques et piscicoles des retenues d'eau en zone soudano-sahélienne.* Publ. C.C.E./C.T.A Wagenningen. Pays Bas, 18p

13.   **Balima J. O. (1998):** *Application du SIG à la cartographie de l'occupation des terres et de la distribution de la population en amont du barrage de Bagré.* Mémoire de maîtrise en géographie, Université de Ouagadougou, 96 p

14.   **Bandré E. et Da D.E.C. (2002) :** « *Impact de la dynamique du couvert végétal sur l'ensablement du Lac Dem au Burkina Faso* », in Actes du colloque international. ENRECA IDR-Sciences humaines, CNRST/ Institut des sciences de la société, pp 137-148

15.   **Barral H. (1967) :** « *Les populations d'éleveurs et les problèmes pastoraux dans le nord-est de la Haute-Volta* » in Cah. ORSTOM, sér. Sci. Hum, Paris, n° IV, pp 3-30.

16.   **Benoît E. (2008) :** *Les changements climatiques : vulnérabilité, impacts et adaptation dans le monde de la médecine traditionnelle au Burkina Faso* », VertigO - la revue électronique en sciences de l'environnement, Volume 8 Numéro 1, avril 2008

17.   **Bethemont J. (1999):** *Les grands fleuves - Entre nature et société*, Edition A. Colin, Paris, 255 p.

18.   **Bethemont J.(1990):** *"Sur la dynamique de l'irrigation dans les pays en voie de développement"* in Ressources hydrauliques et crise des sociétés rurales dans les PVD. Revue de Géographie de Lyon Vol. 65 / n°1 / pp. 5-10.

19.   **Bethemont J., Faggi P., Zoungrana T. P. (2003):** *La vallée du Sourou (Burkina Faso). Genèse d'un territoire hydraulique dans l'Afrique soudanosahélienne.* L'Harmattan, 7 p.

20.   **Bidon S. (1995):** *Etude de l'impact du barrage de Bagré sur le secteur maraîcher : enquête sur trois villages de la zone amont.* Mémoire de DESS, Université de Montpellier, 68 p.

21.   **Blin M. (1976) :** *La pêche en Haute Volta.* Rapport F.A.O. Publ. F.A.O. Rome.

22.   **Boena C. (2001):** *L'ensablement du Lac Bam : Causes et conséquences.* Mémoire de maîtrise, Département de Géographie, Université de Ouagadougou, 134 p

23.   **Boko M. (1988):** *Climats et communautés rurales du Bénin : Rythmes climatiques et rythmes de développement.* Thèse d'Etat és-lettres, Djion, 288 p

24.   **Bolwig S. (1998) :** *Les dynamiques d'usage de la terre et la productivité de la main d'œuvre dans le sahel : le cas des peuhl rimaybé au nord du Burkina Faso* in SEREIN occasional papers n° 7 page 23 à 39, Institute of Geography,University of Copenhagen, Danemark,156p.

25.   **Bosc P.M., et al. (1997):** *Le développement agricole au Sahel*, TOME1, milieu et défis

26.   **Boukpessi T. (2010) :** *Les pratiques endogènes de conservation de la biodiversité au Centre-Togo.* Université de Lomé et de Franche comté, thèse de Doctorat Unique de Géographie, 2010, 306 p

239

27.   **Brook N. (2006):** *Changement climatique, sécheresse et pastoralisme au Sahel,* note de discussion pour l'Initiative Mondiale sur le Pastoralisme Durable, 12 pages

28.   **Breuil F., Brodhag C., Husseini R. (2005) :** *Glossaire du climat.* IEPF, 2005, 62p.

29.   **Burton et al. (1998) :** « *Adaptation aux changements climatiques : Théorie et évaluation* ». *In* Jan F. Feenstra, Lan Burton, Joel B. Smith et Richard S.J. Tol : Manuel des méthodes d'évaluation des impacts des changements climatiques et des stratégies d'adaptation, PNUE, Institut d'Etudes de l'Environnement/Vrije Universiteit (Amsterdam), chapitre sectoriel 5.

30.   **Caloz R et Collet C. (2001) :** *Précis de télédétection : traitements numériques d'images de télédétection,* Canada, AUF, Presses de l'université du Québec, 386 p.

31.   **CCNUCC 2008 :** *Programme d'action national d'adaptation aux changements climatiques du Bénin (PANABENIN),* UNDP/MEPN- République du Bénin, Cotonou janvier 2008, 81 p.

32.   **Chalifoux et al. (2006):** *Cartographie de l'occupation et de l'utilisation du sol par imagérie satellitaire LANDSAT en hydrogéologie.* Télédétection, vol 6, n°1, pp 9-17.

33.   **Chavez S. (1984):** « *Digital processing techniques for image mapping with Landsat TM and SPOT simulator data* », in Proceedings of the 18th International Symposium on Remote Sensing of Environment, Paris, pp. 101-116.

34.   **Chavez, S. et Kwarteng, Y. (1989):** « *Extracting spectral contrast in Landsat Thematic Mapper image data using selective principal components analysis* », in Photogrammetric Engineering and Remote Sensing, vol. 55, n° 3, pp. 339-348.

35.   **CILSS. (2004) :** *Vingt ans de prévention des crises alimentaires au Sahel : Bilan et perspectives.* Comité Inter –Etats de Lutte contre la Sècheresse dans le Sahel. Ouagadougou, 88 p.

36.   **CILSS. (2002) :** *Sahel : les ressources naturelles, clés du développement.* Comité Inter – Etats de Lutte contre la Sècheresse dans le Sahel. Ouagadougou, 28 p.

37.   **CILSS. (1992) :** *Les stratégies sahéliennes de lutte contre la sècheresse et de développement.* Comité Inter –Etats de Lutte contre la Sècheresse dans le Sahel. Ouagadougou, 110 p.

38.   **CILSS-AGRHYMET (2010):** *Le Sahel face aux changements climatiques : enjeux pour un développement durable.* Bulletin mensuel, numero special, 43 p

39.   **Communauté Economique des Etats de l'Afrique de l'Ouest (CDEAO-CSAO/OCDE, 2008):** *Le climat et les changements climatiques. Atlas de l'Integration Regionale en Afrique de l'Ouest.* Serie environnement, 23 p.

40.   **Compaoré, H. (2006):** *The impact of savannah vegetation on the spatial and temporal variation of the actual évapotranspiration in the Volta Basin, Navrongo*, Upper East Ghana, in Ecology and Development Series, n° 36. 143 p

41.   **Coulibaly A. (1995) :** *Le barrage de Bagré et ses impacts socio-économiques.* Mémoire de fin de cycle, ENAM, 85 p.

42.   **Coulibaly E. (1994) :** *Contribution à l'étude environnementale du lac de barrage de Bagré.* Université Sherbrooke Québec, Canada. 49 p.

43.   **Coulibaly N. D. (1997):** *Besoins sociaux des pêcheurs et des femmes transformatrices de poissons à Bagré et Kompienga.* Coopération FAO / NORVEGE, Programme FIMLA GCP/ INT/606/ NOR, 45 p.

44.   **D'Aquino, P. 2000 :** *« L'agropastoralisme au nord du Burkina Faso (province du Soum) :une évolution remarquable mais encore inachevée »* in Autrepart n° 15, pp 29- 47

45.   **D'Orgeval T. (2008) :** *Impact du changement climatique sur la saison des pluies en Afrique de l'Ouest : que nous disent les modèles de climat actuels ?*, Sécheresse, vol. 19, n°2, pp. 79-85

46.   **Demangeot (1976):** *Les milieux « naturels » du globe.* Armand Colin. 217 p

47.   **Di Gregorio, A et Jansen, J.L.M. (1998):** *Land cover classification system (lccs): classification concepts and user manual,* Rome, FAO, 79 p

48.   **Diakhate M. (1986):** *« Le barrage de Diama, essai sur l'évaluation de ses impacts potentiels »,* in Revue de Géographie de Lyon, vol. 61/1, pp. 43-61.

49.   **Dipama J.M. (2005):** *Contribution à la connaissance du phénomène de comblement des retenues d'eau au Burkina Faso,* Espace scientifique n°404 février-mars-avril, 5 pages.

50.   **Dipama J. M. (2002) :** *« Perception paysanne de la dégradation de l'environnement sur le pourtour du lac du barrage de la Kompienga (Burkina Faso) »,* in Actes du colloque international. ENRECA IDR-Sciences humaines, CNRST/ Institut des sciences de la société, pp 149-164

51.   **Dipama J.M. (1997) :** *Les impacts du barrage hydroelectrique sur le bassin versant de la Kompienga (Burkina Faso).* Université Michel de Montaigne Bordeaux III, Thèse de doctorat, 392 p

52.   **Direction de la Medecine Preventive (1998):** *Etude de l'impact du barrage de Bagré et de ses aménagements sur l'état de santé des populations,* Rapport d'étude, Ministère de la Santé, Burkina Faso, 276 p.

53.   **Djiguemde B. (1993):** *Transformation de poisson et consommation d'énergie de bois de feu à Beguedo / Niaogo.* Rapport de stage ENEF MOB, 36 p

54.	**Dufumier M.** (1996): "*Sécurité alimentaire et systèmes de production agricole dans les pays en développement*" in Cahiers Agricultures 1996; 5:4 229, 37p

55.	**Dupriez H. et de Leener P.** (1990): *Les chemins de l'eau : ruissellement, irrigation, drainage*. Edition Terre et vie, CTA Paris – L'Harmattan, ENDA. 380 p

56.	**Eldin M.** (1989) : *Analyse et prise en compte des risques climatiques pour la production végétale*. In Le risque en agriculture. Editions ORSTOM. Collections à travers champs, Paris. pp 47-63.

57.	**Faggi P.** (1990): "*Le développement de l'irrigation dans la diagonale aride entre logique productive et logique stratégique*", Revue de Géographie de Lyon, 65, pp. 21 - 26.

58.	**Faggi P.** (1986): « *Pour une géographie des grands travaux d'irrigation dans les terres sèches des pays sous-développés* », in Revue de Géographie de Lyon, vol.61/1, pp. 7-17.

59.	**Faure A.** (1996): *Le pays bissa avant le barrage de Bagré : anthropologie de l'espace rural*, Paris, Ouagadougou: Sépia; A.D.D.B, coll. Découvertes du Burkina, 311 p

60.	**Faure A.** (1991): *Etude socio-ethnologique de la trame foncière du barrage de Bagré* (Document provisoire), 36 p.

61.	**Faure A.** (1990): *L'appropriation de l'espace foncier : une étude d'anthropologie sociale en région Bisa, Burkina Faso*, EHESS, Paris, 456 p.

62.	**FAO (1993)**: *Développement de la pêche dans la zone sahélienne*. 5ième session du comité des pêches continentales pour l'Afrique, 63 p.

63.	**Galais. J. et al.** (1977) : *Stratégies pastorales et agricoles des sahéliens durant la sécheresse de 1963 / 1973 : Élevage et contact entre pasteurs et agriculteurs*. CEGET, CNRS, Bordeaux, Paris, 281 P.

64.	**Georges P.** (1970): *Dictionnaire de la géographie*. Paris PUF, 448 p

65.	**Georges S.** (1993) : *Innovations pour la question agricole de l'eau*, in Documents Système Agraire, n°17, pp 319 – 343.

66.	**Ghersi G.** (1996): *Débat sur la sécurité alimentaire dans le monde : analyse d'un forum internet*, Cahiers Agriculture, Vol.4, pp. 249-256.

67.	**Ghersi G.** (1988) : *Perspectives et stratégies céréalières au Sahel : les leçons de Mindelo*. Centre Sahel de l'université de Laval, conférence n°4, 13 p

68.	**Gosselin G.** (1970): *Travail, tradition et développement en pays Bissa*, Cahiers ORSTOM, Paris, sér. sc. hum. 7 (1), pp. 29-46.

69.   **Guillaumie R., Hassoun C., Chourrout A.et Schoeller M.** (2005): *La secheresse au Sahel, un exemple de changements climatique.* Atelier Changement climatique ENPC-Département VET. 40 p

70.   **Guillobez S.** (1997): *Etudes morphopédologiques : projet-Bagré Rapport général (campagnes 1975-76-77),* IRAT (Institut de Recherches Agronomiques Tropicales), 98 p

71.   **Guinko S.** (1984): *Végétation de la Haute Volta,* Thèse d'Etat, Bordeaux III, 2 vol, 394p.

72.   **Grandi J.C.** (1998) : *L'évolution des systèmes de production agro-pastorale par rapport au développement rural durable dans les pays d'Afrique soudano-sahélienne.* FAO, Rome, 161 p.

73.   **Groupe d'Experts PANA du Burkina Faso (2003):** *Synthèse des études de vulnérabilité et d'adaptation aux changements climatiques : étude de cas du Burkina Faso.* Atelier de formation - Etapes 3, 4 et 5 du processus PANA Ouagadougou, Burkina Faso 28 – 31 octobre 2003, 11 p

74.   **Groupe Intergouvernemental d'Experts sur l'Evolution du Climat (GIEC) (2007):** *Rapport du GIEC sur le réchauffement climatique.* Résume du rapport du GIEC, écrit par Pierre S. Paris 2/2/2007, 50 p

75.   **Groupe Intergouvernemental d'Experts sur l'Evolution du Climat (GIEC) (2007) :** *Bilan 2007 des changements climatiques : Les éléments scientifiques.* Résumé à l'intention des décideurs. 25 p

76.   **Groupe Intergouvernemental d'Experts sur l'Evolution du Climat (GIEC) (2001a)** : *Climate Change 2001 : The Scientific Basis. Contribution of Working Group I to the third Assessment* Report of the Intergovernmental Panel on Climate Change. Cambridge University Press, 881p

77.   **Groupe Intergouvernemental d'Experts sur l'Evolution du Climat (GIEC) (1997a)** : *Introduction aux modèles climatiques simples utilisés dans le Deuxième rapport d'évaluation du GIEC.* Document de travail II du GIEC, OMM/PNUE, Genève. 51 p.

78.   **Groupe Intergouvernemental d'Experts sur l'Evolution du Climat (GIEC) (1990) :** *Evolution du climat : Evaluation scientifique du GIEC.* J.T. Houghton, G.J. Jenkins et J.J. Ephraums (ed.), Cambridge University Press, Cambridge (Royaume-Uni). 116 p.

79.   **Grouziz M. (1986) :** *Péjoration climatique au Burkina Faso : effet sur les ressources en eau et les productions végétales.* Colloque Nord est-Sahel, Paris, 13p.

80.   **Guibert H., Allé U. C., Dimon R.O., Dédéhouanou H., Vissoh P. V., Vodouhé S.D., Tossou R.C. Agbossou E.K. (2010)** : *Correspondances entre savoirs locaux et scientifiques : perceptions des changements climatiques et adaptations.* ISDA, 10 p.

81.   **Hervouet J. P.** (**1978**): *La mise en valeur des volta blanche et rouge: un accident historique,* Ouagadougou, Cahiers de l'ORSTOM, sciences humaines, 15(1), Paris, pp 81-97

82.   **Hervouet J. P.** (**1977**): *Peuplement et mouvement de population dans les vallées des Volta Blanche et Rouge,* Centre ORSTOM, Ouagadougou.

83.   **Hervouet J. P. et al,** (**1979***): Organisation de l'espace et épidémiologie de l'onchocercose. In colloquesur la maîtrise de l'espace agraire et développement en Afrique tropicale.*Ouagadougou, Paris, ORSTOM, pp179-190

84.   **Hervouet J. P.** (**1980**): *Du riz et des aveugles : l'onchocercose à Loumana,* Ouagadougou, ORSTOM 40p.

*85.   **Houssou-Goe S. S. P.** (**2008**) : *Agriculture et changements climatiques au Bénin : Risques climatiques, vulnérabilité et stratégies d'adaptation des populations rurales du département du Couffo.* Thèse pour l'obtention du Diplôme d'Ingénieur Agronome; Université d'Abomey-Calavi , Faculté des Sciences Agronomiques (FSA), 160p

86.   **Howar D.** (**1980**) : *L'homme et la variabilité du climat.* Secrétariat de l'Organisation Météorologique Mondiale (OMM n°53), Genève, 31 p.

87.   **Hubert P.** (**2008**): *Variabilite et changements hydrologiques aujourd'hui et demain.* Revue des sciences de l'eau, 21, 2, pp 135-142

88.   **INSD (2009):** *Recensement General de La Population et de l'Habitation (RGPH) de 2006 analyse des resultats definitifs;theme 2 :etat et structure de la population,* 181 p

89.   **INSD (1998):** *Recensement général de la population et de l'habitat du 10 - 20 Décembre 1996.* Fichier des villages du Burkina Faso, volume 03, 315p

90.   **JULIEN F. (2006):** *Maitrise de l'eau et developpement durable en Afrique de l'Ouest : de la necessite d'une cooperation regionale autour des systemes hydrologiques transfrontaliers.* VertIgO, Revue en sciences de l'environnement, 7,2, 18 p

91.   **Kabore A. (2010)** : *Stratégies communautaires d'adaptation au changement climatique : cas des bois sacrés dans le contexte socio-culturel moaaga du Burkina Faso.* Thèse de Doctorat Unique, Université d'Abomey-Calavi, 230 p.

92.   **Kaboré H. et al,** (**1997**): *Diagnostic approfondi du secteur agricole pour l'élaboration d'une stratégie de croissance durable.* Ministère de l'agriculture et des ressources animales / CC-PASA. Ouagadougou, Burkina Faso.

93.   **Kabre M. (2008):** *Les stratégies d'adaptation des populations au changement climatique dans le Sahel Burkinabé (cas de Belgou dans la province du Seno).* Mémoire de maîtrise, Université de Ouagadougou, Département de géographie,116 p.

94. **Kagone H. et al.**, **(2006):** *Pastoralisme et aires protégées en Afrique l'Ouest: du conflit à la gestion concertée de la transhumance transfrontalière dans la région du Parc régional W (Benin, Burkina Faso, Niger).* Bulletin of Animal Health and Production in Africa. 54(1), pp 43-52

95. **Kagone H. (2004):** « *Etat des lieux de la transhumance dans la zone d'influence du parc W du fleuve Niger* » ECOPAS, 26p.

96. **Ky K. (1997):** *Etude des implications d'une banque de données halieutiques et socio-économiques dans l'exploitation et la gestion durable d'une pêcherie: cas du lac de barrage de Bagré,* Direction générale de la pêche, Rapport, 24 p + annexes

97. **Ki M. (1976):** *Le problème de l'eau et les cultures maraîchères dans la région de Ouagadougou,* Université de Saint-Étienne, Thèse de 3è cycle

98. **Kohoun S. (2001) :** *Impact des périmètres irrigués sur la santé et la sécurité alimentaire des exploitants.* Mémoire de maîtrise en géographie, Université de Ouagadougou, 107 p.

99. **Lacoste Y. (1984):** *Unité et diversité du tiers monde,* Paris, La Découverte.

100. **Lahuec J. P. (1979):** « *Le peuplement et l'abandon de la vallée de la Volta Blanche en pays Bissa, Sous-préfecture de Garango* », in Travaux et Documents de l'ORSTOM, n°103, pp. 9-105.

101. **Lariviere S. et al.**, **(1998):** *Concept et mesure des perceptions de la pauvreté en milieu rural pour des fins de développement socio-économique : Application au BENIN.* In « Crises, pauvreté et changement démographique dans les pays du sud » Paris ESTEM, 1998 ; pp : 133-147

102. **Lena W. L. (1997):** *Etude économique de la filière pêche sur le lac de kompienga et de Bagré au Burkina Faso.* Consultation au sein du programme FIMLAP pour la Direction des pêches, Ministère de l'Environnement et de l'eau, 23 p.

103. **Lepage M. (2004)** : *Etude de la fertilité à long terme du Zaï agricole (village de Gourga Ouahigouya).* Institut de Recherche pour le Développement, Centre de Ouagadougou, 49p

104. **Lompo O. (2003):** *Les stratégies paysannes de lutte contre la dégradation des terres dans le Sahel Burkinabé.* Mémoire de Maîtrise de Géographie. Université de Ouagadougou, 130 p

105. **Lubes-Nil H. et al**, **(1998):** *Variabilité climatique et statistiques. Etude par simulation de la puissance et de la robustesse de quelques testes utilisés pour vérifier l'homogénéité des chroniques.* Revue des sciences de l'eau pp 383-408

106. **Maitrise d'Ouvrage de Bagré (MOB)**, **(2008) :** *Rapport d'activités de l'année 2007,* MOB, 32 pages

107. **Maitrise d'Ouvrage de Bagré (MOB), (2005):** *Document de stratégie de mise en oeuvre des actions de partenariat M.O.B.-P.D.R/B pour la protection des berges du grand lac barrage Bagré*, MOB, 150 p

108. **Maitrise d'Ouvrage de Bagré (MOB), (2004):** *Développement durable de la zone du projet de Bagré et gestion de l'environnement*, MOB, 140 p

109. **Maitrise d'Ouvrage de Bagré (MOB), (2003):** *Projet d'aménagement hydroagricole de 3000 ha en aval du barrage de Bagré et intensification de l'élevage [Horizon 2004-2009].* MOB, 107 p

110. **Maitrise d'Ouvrage de Bagré (MOB), (1996):** *Cahier des charges sur l'occupation et l'exploitation paysannes des périmètres aménagés de Bagré*, MOB,15 p.

111. **Maitrise d'Ouvrage de Bagré (MOB), (1996)** : *Aménagement du périmètre hydro agricole de Bagré première phase.* Rapport d'étude. 63 p.

112. **Maitrise d'Ouvrage de Bagré (MOB), (1994):** *Développement local durable de la zone du projet Bagré et gestion de l'environnement.* MOB, 45 p

113. **Maitrise d'Ouvrage de Bagré (MOB), (1993):** *Rapport final d'exécution du volet défriche et valorisation du bois de la retenue du barrage hydro agricole et hydro électrique de Bagré.* MOB, 31 p

114. **Maitrise d'Ouvrage de Bagré (MOB) (1993):** *Etude technique de réhabilitation du périmètre pilote de Bagré.* Rapport de synthèse. 26 p

115. **Marchal J.Y. (1972):** *Densité de la population rurale en pays Bissa et Mossi,* Centre ORSTOM, Ouagadougou, 64p.

116. **Marchal J.Y. et Lahuec J. P. (1972):** *Répartition de la population en pays Bissa et Mossi,* Centre ORSTOM, Ouagadougou, 18p.

117. **Marius-Gnanou K. (1991):** « *L'irrigation et les mutations socio-économiques récentes dans la région de Pondichery (Inde)* » in Espaces Tropicaux n°3, Talence, CEGET-CNRS, pp 133-160

118. **Meddi H. et Meddi M. (2007)** : *variabilité spatiale et temporelle des précipitations du nord-ouest de l'Algérie.* Geographia Technica, no.2, PP. 51-55

119. **Mei L. (2006)** : « *L'eau : un patrimoine controversé. Les difficultés d'intégration des acteurs locaux à sa gestion, exemple du village de Komboinsé au Burkina Faso* » in Espace Tropicaux n°18 : Patrimoine et développement dans les pays tropicaux- Pessac- DyMESET-CRET, pp : 167-178

120. **Ministere de l'Agriculture de l'Hydraulique et des Ressources Halieutiques (2008):**Capitalisation des initiatives sur les bonnes pratiques agricoles au Burkina Faso. Avril 2008, 99 p.

121. **Ministere de l'Agriculture de l'Hydraulique et des Ressources Halieutiques, (2003):** *Plan d'Action pour la Gestion Intégrée des Ressources en Eau (PAGIRE) du Burkina Faso.* Rapport Technique, 62 p

122. **Ministere de l'Agriculture de l'Hydraulique et des Ressources Halieutiques, (2003):** *Stratégie nationale et programmes prioritaires de développement et de gestion des ressources halieutiques.* Juin 2003. 75 p.

123. **Ministere de l'Agriculture de l'Hydraulique et des Ressources Halieutiques (2002):** Programme de mise en valeur et de gestion intégrée des ressources agropastorales et halieutiques de la zone de Bagré [Horizon 2004-2014], 114 p

124. **Ministere de l'Economie et des Finances, (1998):** *Schéma Provincial d'Aménagement du Territoire du Zoundwéogo, 1998-2018.* Projet de Développement Intégré du Zoundwéogo, 125 p.

125. **Ministere de l'Economie et des Finances, (1997):** *Schéma directeur d'aménagement de la rive droite de Bagré-Amont, Province du Zoundwéogo.* Projet de Développement Intégré du Zoundwéogo, Cellule Gestion des Terroirs. 62 p.

126. **Ministère de l'Environnement et de l'Eau, (2001):** *Loi d'orientation relative à la gestion de l'eau.* Presses Africaines. Loi n°002-2001/ AN du 8 février 2001. 26 p

127. **Ministère de l'Environnement et de l'Eau (2001):** *Gestion Intégrée des Ressources en Eau : état des lieux des ressources en eau du Burkina Faso et de leur cadre de gestion.* Rapport final, 241 p.

128. **Ministere de l'Environnement et du Cadre de Vie, (2006):** *Programme d'action national d'adaptation à la variabilité et aux changements climatiques (PANA du Burkina Faso), Burkina Faso,* MECV, 76 p.

129. **Ministere du Tourisme et de la Culture, (2004):** *Avant-projet sommaire relatif au projet de Centre Eco-touristique de Bagr*é, MTC, 42p.

130. **Nebié O. (2005):** *Expérience de peuplement et stratégies de développement dans la vallée du Nakanbé Burkina Faso.* Thèse Université de Neuchâtel, 353 p

131. **Nebié O. (1996):** *Le périmètre irrigué de la vallée du Kou (Burkina Faso) : limites d'une opération « terres neuves ».* in Cahiers d'Outre-mer (Sahel) n°194, 49ième année (Juillet-Septembre 1996), pp : 273-296

132. **Nebié O. (1993):** « *Les aménagements hydro-agricoles au Burkina Faso : analyse et bilan critiques* », in Travaux de l'Institut de Géographie de Reims, 83-94, pp. 123-140.

133. **Neuvy G. (1990):** « *Le barrage de la Kompienga (Burkina Faso). Controverse sur un aménagement hydraulique* » Espaces Tropicaux n°2, Talence, CEGET-CNRS, pp 35-58

134. **Nombré R. A. (2007) :** *Éléments de présentation du périmètre aquacole d'intérêt économique de Bagré,* novembre 2007, MOB, 14 pp

135. **Oboulbiga S. R. (2008):** *L'accès à l'eau potable sur les rives du lac Bagré.* Mémoire de maîtrise de géographie, Université de Ouagadougou, 113p

136. **Ogouwalé E. (2006) :** *Changements climatiques dans le Bénin méridional et central : indicateurs, scénarios, et prospective de la sécurité alimentaire.* Thèse de Doctorat Unique, Université d'Abomey-Calavi Bénin, 299 p

137. **Oloukoi J. Mama V. J. et Agbo F. B.. (2006) :** *Modélisation de la dynamique de l'occupation des terres dans le département des collines au bénin,* in Télédétection, vol. 6, n° 4, p. 305-323.

138. **Ouattara I. (2007) :** *Vulnérabilité et stratégies d'adaptation des populations Sahéliennes au changement climatique : cas de belgou dans la province du Séno.* Mémoire de DESS en sciences environnementales, Université de Ouagadougou, 95 p

139. **Ouattara I. (2004) :** *Apports de la rive droite dans le comblement du Lac Dem (province du Sanmatenga),* Mémoire de maîtrise université de Ouagadougou, 117 p

140. **Ouédraogo A. (1994) :** *L'envasement du barrage de Laaba (province du Yatenga).* Université de Ouagadougou – F.L.A.S.H.S.- Mémoire de Maîtrise en Géographie. 137 p

141. **Ouédraogo F. de C. (2000):** "*Maraîchage et prise en charge de la santé des enfants chez les femmes en amont de Bagré*" in Journal de la recherche scientifique de l'université du Bénin, tome 4, volume 1, pp. 43-52

142. **Ouédraogo F. C. (1998) :** « *Activités des mères et état nutritionnel des jeunes enfants dans un espace en changement : cas du barrage de Bagré, au Burkina Faso* ». Cahiers du CERLESHS n° 15, Ouagadougou pp. 189-209.

143. **Ouédraogo H. (1997):** *Étude diagnostique de la fertilité des sols cultivés dans le terroir de Pouswaka, Province du Boulgou,* Diplôme d'Ingénieur du développement rural (Agronomie), IDR, Centre Universitaire Polytechnique de Bobo-Dioulasso, 98 p.

144. **Ouédraogo I. (2001) :** *Analyse de l'occupation des terres dans les terroirs sahéliens : cas de Katchari et de Dangadé.* Mémoire de géographie, Université de Ouagadougou, 91 p.

145. **Ouédraogo N. (2004) :** *Perception paysanne du comblement du Lac Dem dans la province du Sanmatenga,* Mémoire de maîtrise université de Ouagadougou, 118 p

146. **Ouedraogo M. (2004) :** *Impacts du grand lac de barrage de Bagré et de ses aménagements sur l'environnement de la zone du projet,* MOB, Ingénieur eaux et forêts, 95p

147.   **Ouédraogo M. (2001)** : *Contribution à l'étude de l'impact de la variabilité climatique sur les ressources en eau en Afrique de l'Ouest. Analyse des conséquences d'une sécheresse persistante : normes hydrologiques et modélisation régionale.* Thèse, Université de Monpellier II, 257p.

148.   **Ouédraogo M. (1996)** : *Étude socio-économique de quelques communautés de pêcheurs en zone sahélienne : cas de la communauté de pêcheurs du lac artificiel de Bagré (Burkina Faso).* FAO, sous comité CPCA pour la protection et le développement de la pêche en zone sahélienne, 42 p.

149.   **Ouédraogo S. M. et Zigani S. N. (1994):** *La pêche artisanale dans le lac de barrage de Bagré : situation actuelle et perspective de développement.* Direction Générale des Pêches, 58 p.

150.   **Ouédraogo. Y. (2003)** : *Indices observables des changements climatiques dans les pays du CILSS : cas du Burkina Faso.* Mémoire de DESS, sciences de l'environnement, 55 p

151.   **Pages J. (1999):** « *Les systèmes de cultures maraîchers dans la vallée du fleuve Sénégal : pratiques paysannes évolution* », in Nianga, laboratoire de l'agriculture irriguée, Paris, ORSTOM, pp. 171-187.

152.   **Palé F. O. K. (1999):** "*Le rôle de l'action anthropique dans la dégradation des ressources naturelles à Niaogho-Béguédo (Burkina Faso)*" in Développement durable en Afrique tropicale. Bulletin de la Société Neuchâteloise de Géographie, n° 42-43, 1998-99, pp. 85-95.

153.   **Parent G. (1997):** "*Grands barrages, santé et nutrition en Afrique : au-delà de la polémique...*" in Cahiers Santé 1997 ; 7 pp.417-422

154.   **Parent G. et al. (1998):** "*Alimentation, nutrition et situation socio-économiques des ménages: le cas de Bagré au Burkina Faso.*" In « Crises, pauvreté et changement démographique dans les pays du sud » Paris ESTEM, 1998 ; pp 301-314

155.   **Partenariat National de l'Eau (2010)** : *Inventaire des stratégies d'adaptation aux changements climatiques des populations locales et échanges d'expériences de bonnes pratiques entre les différentes régions au Burkina Faso.* Version final, 103p.

156.   **Paul P. et David B. S. (2006):** *Anaysis of historical precipitaion sums of Sulina Station by means spectra in relation to Sibiu Station and NAO and SOI Index.* Geographia Technica Nr.2/2006, pp.99-104, ISSN 1842-5135

157.   **PNUE (1992)** : *Deux décennies de réalisation et de défis.* PNUE, Nairobi, 52 p

158.   **Reenberg A. (2009):** « *Getting the climate impact right: the complex dynamics of the agricultural frontline in the Sahel*» IOP Conf. Series: Earth and Environmental Science, in IOP plublishing, Copenhagen, n°6, pp 25 – 34

159.   **Reenberg A., Nielson T. L.et Rasmussen K.. (1998):** «*Field expansion and reallocation in the Sahel - land use pattern dynamics in a fluctuating biophysical and socio-economic*

environment», In Global Environmental Change-Human and Policy Dimensions, Great Britain, Vol 8, n°8 pp 309-327

160. **Reenberg A. (1995):** *Les stratégies d'utilisation des terres dans un agrosystème sahélien, aspects anthropologiques et géographiques de la gestion des ressources naturelles,* in SEREIN-occasional paper, n° 7, pp 85-105

161. **Robert E. (2006) :** *L'envasement du lac barrage de Bagré (Burkina Faso) : une approche qualitative,* Rapport de Master, Université de Michel de Montaigne Bordeaux 3, 87 p.

162. **Rouamba P. et Nana A. (2004) :** *Plan d'aménagement et de gestion du refuge local de Woozi province du Boulgou -2004-2009-,* PDR/B, 89 p

163. **Rousseau S. (2003):** « *"Capacités", risques et vulnérabilité* » in pauvreté et développement socialement durable. Université Montesquieu- Bordeaux 4, pp :11-22

164. **Saley H. (2005):** *Gestion de l'interface écologique faune / population pour un développement local durable : cas des hippopotames du lac de barrage de Bagré.* Mémoire IDR, Université Polytechnique de Bobo-Dioulasso, 105 p +annexes.

165. **Sané T. (2003):** *La variabilité climatique et ses conséquences sur l'environnement et les activités humaines en Haute-Casamance.* Thèses de doctorat du 3ème cycle de Géographie. Faculté des lettres et sciences humaines. Département de Géographie à l'université Cheikh Anta Diop de Dakar, 367 p.

166. **Sankara T. B. (2011) :** *variabilite climatique et gestion des ressources naturelles: cas de la foret classee et reserve partielle de faune de gonse.* Mémoire de maîtrise, Département de Géographie, Université de Ouagadougou, 109 p.

167. **SANOU B. (2006) :** *Gestion locale des ressources pastorales dans le département de TOUGOURI Province du Nanmentenga (Burkina Faso),* Mémoire de maîtrise en Géographie, 116 p

168. **Schwartz A. (1995):** « *La politique coloniale de mise en valeur agricole de la Haute Volta* », in : (ss. dir.) Massa G et Madiéga G., La Haute-Volta coloniale : témoignages, recherches, regards, Paris, Karthala, pp. 263-291

169. **Sene I. M. (2008):** *Impacts des changements climatiques sur l'agriculture au senegal : dynamiques climatiques, économiques, adaptations, modélisation du bilan hydrique de l'arachide et du mil.* Thèse de Doctorat de 3ième cycle Universite Cheikh Anta Diop, 302 p

170. **Sinaré R. Z. (1995):** *Étude de la filière oignon dans le Département de Béguédo,* Mémoire IDR, Université de Ouagadougou, 107p

171. **Sinsin B. (1993):** *Phytosociologie, écologie, valeur pastorale, production et capacité de charge des pâturages naturels du périmètre Nikki-Kalalé au Nord-Bénin.* Thèse de doctorat en sciences agronomiques. Université de bruxelles, Belgique 390 p.

172. **SOCREGE (1998):** *Etude des potentialités halieutiques et élaboration d'un plan de gestion durable des ressources piscicoles du lac artificiel de Bagré.* Financement Banque Africaine de Développement, Rapport phase 2, Etude H 1098, 90 p

173. **Somé P.H. (2001) :** « *Densités de population et pression foncière en pays Bisa, Province du Boulgou* », Annales de l'Université de Ouagadougou, Série A : sciences Humaines et Sociales, pp. 173-196.

174. **Somé P.H. (1990):** « *Migration de colonisation agricole au Burkina Faso. Étude de cas : la zone d'accueil de Bopiel* », 09-05-01/1683/Dakar, UEPA, 12 p.

175. **Sory S. (2008):** *Les Aspects Climatologiques de la Sécheresse au Burkina Faso : Etude de la Variabilité des Principaux Paramètres de 1971 à 2000.* Memoire de maîtrise, Université de Ouagadougou, 110 p

176. **SP/CONEDD (2006) :** *Programme d'action national d'adaptation à la variabilité et aux changements climatiques (PANA).* Document provisoire, 76 pages

177. **Stephenne N. et Lambin E.F. (2001):** « *A dynamic simulation model of land-use changes in Sudano-Sahelian countries of Africa (SALU)* », in Agriculture, Ecosystems and Environment, Belgium, n° 85, pp 145–161

178. **Tchamié T. et Bouraima M. (1997) :** *Les formations végétales du plateau Soudou-Dako dans la chaîne de l'Atacora et leur évolution récente (Nord Togo).* In Journal botanique de la Société botanique de France, n° 3, p. 83-94

179. **Tenté B. (2000) :** *Dynamique actuelle de l'occupation du sol dans le massif de l'Atacora : secteur Perma–Toucountouna.* Mémoire de DEA, École doctorale pluridisciplinaire, Université nationale du Bénin, 83 p

180. **Terrible M. (1981):** *Pour un développement rural en accord avec le milieu naturel et humain, Haute-Volta,* Église et Développement, 97 p.

181. **Toé P. (1999):** « *Pêche, environnement et société : Contribution des sciences sociales à l'étude des pêcheries traditionnelles en pays bissa (Burkina Faso)* ». Université de Ouagadougou, in cahiers du CERLESHS n°, 11 p

182. **Tompkins E.L. et Adger W.N. (2004) :** *Does adaptive management of natural resources enhance resilience to climate change?* Ecology and society 9 (2) : p.10

183. **Tuner B.L. (1994):** *Global land use / land cover change: towards an integrated study.* In ambio, n°23, pp 91 – 95

184. **Traoré J. M. (1998):** *Colonisation agricole spontanée et mobilité de la population en pays Bisa : le cas de Béguédo et de Tangaré,* Mémoire de Maîtrise en Géographie, Département de Géographie, Université de Ouagadougou, 118 p.

251

185. **UERD (1996):** *Etude de l'impact du barrage de Bagré et de ses aménagements sur l'état de santé des populations: principaux tableaux bruts du recensement socio démographique de la zone réalisée par l'UERD en 1994*, UERD, Université de Ouagadougou, 116 p.

186. **UTP (2006)** : *Rapport bilan de l'année 2006 de l'unité technique du périmètre aquacole d'intérêt économique de Bagré*, 28 p

187. **Verburg P.H. (2000):** *Exploring the spatial and temporal dynamics of land use with special reference to China.* Thèse de doctorat, Wageningen University, 143 p

188. **Vissin W. (2007):** *Impact de la variabilité climatique et de la dynamique des états de surface sur les écoulements du bassin béninois du fleuve Niger.* Thèse de Doctorat, Université de Bourgogne, 310 p

189. **Vossen P. (1976):** *Notion d'agronomie et d'écologie appliquées à la culture du mil pennsetum dans le Sahel*, centre régional de formation et d'application en agro météorologie et hydrologie opérationnelle, n°111AGRHYMET, Niamey, 98 p

190. **Watkins K. (2008):** *La lutte contre le changement climatique : un impératif de solidarité humaine dans un monde divisé.* Rapport Mondial sur le Développement Humain, PNUD 2007-2008, 382 p

191. **Yaolpougdou P. (2007):** *Impacts potentiels de la communalisation rurale sur l'activité pastorale à Tibga (province du gourma).* Mémoire de maîtrise de géographie, Université de Ouagadougou,

192. **Yaméogo L. (2006):** *Territorialisation hydraulique et développement local autour du lac de Bagré (Burkina Faso)*, Thèse de doctorat, université de Padoue (Italie), 272 p

193. **Yaméogo L. (2000):** *Pratiques agricoles et risque sanitaire dans les périmètres irrigués de Bagré.* Mémoire de maîtrise en géographie, Université de Ouagadougou, 135p.

194. **Yanogo P. I. (2006) :** *Grands aménagements hydrauliques et sécurité alimentaire au Burkina Faso : les stratégies paysannes d'adaptation, cas de l'amont du barrage de Bagré*, Mémoire de DEA en gestion de l'environnement, Université d'Abomey Calavi, 104 p.

195. **Yanogo P. I. (2003):** *Les impacts socio économiques de la pêche sur les rives du lac Bagré.* Mémoire de Géographie, Département de Géographie, Université de Ouagadougou, 120 p.

196. **Yaro K. (2008)** : *Les effets induits de la variabilité climatique sur la production maraîchère cas de la tomate et de l'oignon : Site Lombila.* Mémoire de maîtrise en géographie, Université de Ouagadougou, 116p.

197. **Zan S. et al. (1992):** « *Enquête sanitaire de base dans la zone d'aménagement hydro-agricole de Bagré* », in Sciences et techniques, vol. 20 (2), pp. 93-98

198. **Zan S. (1992):** *Enquêtes sanitaires de base dans les trois localités de la zone d'aménagement hydro-agricole et hydroélectrique de Bagré : A propos d'une étude sur les schistosomiases et les autres parasitoses intestinales majeures (liées à l'eau),* Thèse médecine F.S.S, Université de Ouagadougou, 101 p.

199. **Zepkete E.I.S. (2009):** *Transhumance et changement climatique : Utilisation des outils d'aide à la décision dans la gestion durable des ressources des écosystèmes agropastoraux soudano-sahéliens du Bénin.* Memoire de DESS, Faculté des Sciences Agronomiques (FSA) de l'Université d'Abomey-Calavi (UAC) du Bénin, 93 p

200. **Zoungrana B. J-B. (2010) :** *La dynamique du front agricole dans le Sahel Burkinabé : analyse spatio-temporelle.* Mémoire de master en SIG, Département de Géographie, Université de Ouagadougou, 104 p

201. **Zoungrana T.P. (2010) :** « *Pêche et pêcheries du lac Bagré (Burkina Faso) dans l'accès aux ressources alimentaires ».* Cahiers du CERLESHS, Université de Ouagadougou, Tome XXV, n°37, pp. 1-20

202. **Zoungrana T.P. (2010) :** « *Les stratégies d'adaptation des producteurs ruraux à la variabilité climatique dans la cuvette de Ziga, au centre du Burkina Faso »* Annales de l'Université de Ouagadougou, Série A, Volume 011, pp. 585-606

203. **Zoungrana T.P. (2008) :** « *L'impact du barrage de Bagré sur la sécurité alimentaire des populations riveraines »* in Cahiers du CERLESHS n° 30, pp. 213-229.

204. **Zoungrana T.P. (2003):** "*Mythes et réalités d'un partenariat avec le monde rural. Transfert de compétences dans la vallée du Sourou, Burkina Faso*" in Urbanistica pvs n° 33-34, pp. 15-22.

205. **Zoungrana T.P. (2003):** "*Dynamique des systèmes de cultures et gestion des ressources naturelles dans le Boulgou (Burkina Faso)*". Annales de l'Université de Ouagadougou, série A, vol. 001, pp. 231-266

206. **Zoungrana T.P. (2002):** "*Impact des cultures irriguées sur la sécurité alimentaire dans la vallée du Sourou, Burkina Faso*". Cahiers du CERLESHS n° 19/2002, pp.85-113

207. **Zoungrana T.P. (2002):** "*L'impact d'un aménagement hydro-agricole sur la santé des populations au Burkina : le cas de Bagré*". Cahiers de Géographie du Québec, vol. 46, n° 128, Sept. 2002, pp. 191-212

208. **Zoungrana T.P. (2001):** "*Quelques aspects du risque sanitaire lié à l'aménagement hydro-agricole de Bagré (Burkina Faso)*". in Annales de l'Université de Ouagadougou, série A, 2001. pp. 131-153

209. **Zoungrana T.P. (2000):** "*Transfert technologique et aptitudes à la gestion d'un périmètre irrigué, Di dans la vallée du Sourou*", in Faggi P. e Mozzi P. (a cura di), La territorialisation hydraulique dans la vallée du Sourou (Burkina Faso)- Lignes pour la recherche, Università degli studi di Padova, Dipartimento di Geografia, "Materiali", 22, p.17-28

210. **Zoungrana T.P.** (**1998**): "*Enclavement, et développement des cultures irriguées au Burkina Faso*". Collection "Pays enclavés" n° 9, Ed. CRET, Bordeaux, pp. 25-48.

211. **Zoungrana T.P.** (**1995**): "*Sécheresse et dynamique des agrosystèmes dans la Plaine centrale du Burkina*". Revue de Géographie de Lyon, vol 70, pp. 247-254.

212. **Zoungrana T.P.** (**1994**): « *Hydraulique agricole dans la plaine centrale du Burkina : acteurs et stratégies* » Cahiers du CERLESHS n° 11, Université de Ouagadougou, pp. 226-263

213. **Zoungrana T.P.** (**1994**): « *Problèmes liés à la formation d'un espace hydraulique et à l'autogestion paysanne : cas du périmètre pilote de Bagré (B.F)* », in Géoregards n° 29, Maîtrise de l'hydraulique par les agriculteurs, pp. 29-48.

214. **Zoungrana T.P.** (**1988**): *Stratégies et adaptations paysannes face aux traditions et au changement dans le Moogo central (Burkina Faso)*, Thèse de Doctorat, Université Lumière-Lyon 2, 361 p

ANNEXES

ANNEXE 1 : *DONNEES TECHNIQUES DU BARRAGE DE BAGRE*

- *Maîtrise d'Ouvrage* : **MOB**
- *Maître d'œuvre* : **SOGREAH**
- *Buts* :

Principalement : hydroagricole et hydro-électrique
Secondairement : piscicole et pastorale

- *Hydrologie :*
Cours d'eau = Nakambé (cours d'eau international)
Bassin versant = 33 000 km²
Pluviométrie moyenne annuelle = 940 mm
Apports moyens = 1200 km3
Débit de pointe de la carte décamillénale =5 500m3/s

- *Retenue* :
PNE = 235 m (IGN), volume = 1700 hm3
PHE = 237,40 m (IGN), volume = 2300 hm3
Superficies du plan d'eau au PNE = 25000 ha
PBEN = 226,70 m IGN, volume = 410 hm3
PBEE = 223,50m, volume (tranche morte) = 183 hm3

- *Digue* :
Type = terre zoné avec noyau d'argile
Longueur en crête = 4575 m
Largeur en crête = 6,50 m
Hauteur max sur fondation = 39,70 m (sans parapet)
Cote de la crête = 237,70 m
Cote crête parapet : 238,50 m

- *Evacuateurs des crues* :
Evacuateur vanné :
Type = poids en béton profilé suivant WES (Waterway Experiment Station)
Situation = latérale en rive droite
Calage du seuil = 230,10 m IGN
4 passes munies de vannes segments 18 m * 5 m
Longueur déversante = 72 m
Capacité d'évacuation = 2800 m3/s au PNE

Seuil libre :
Type = poids
Situation = latérale en rive droite
Calage du seuil = 235,10 m IGN
Longueur déversante = 175 m
Capacité d'évacuation : 1250 m3/s

- *Vidange de fond :*
Combinée avec la centrale avec 2 pertuis
Calage = 208,50 m IGN
2 vannes de garde type wagon 3,50 m * 2,50 m
2 vannes de réglage type wagon 3,50 m * 2,50 m
2 batardeaux aval type glissement
débit d'évacuation = 300 m3/s

- *Prise d'eau centrale* :
Type = tour
Cote d'admission = 220,00 m IGN
Une vanne de garde type wagon 5m *5,5m
Un batardeau amont type glissement
Une conduite de diamètre 4,50 m, longueur 65 m

- *Prise d'irrigation rive droite* :
Type = tour
Cote d'admission = 223,50 m IGN
Une vanne segment 3,50 m * 1,80 m
Une vanne de garde type wagon 3,50 m * 1,80 m
Un batardeau aval type glissement
Capacité d'alimentation = 10 m3/s

- *Prise d'irrigation rive gauche* :
Type = tour
Cote d'admission = 223,50 IGN
Une vanne segment 3,50 m * 3,00 m
Une vanne de garde type wagon 3,50 m * 3,00 m
Un batardeau aval type glissement
Capacité d'alimentation = 28 m3/s

- *Centrale hydro-électrique* :
Hauteur de chute nominale = 23 m
Turbines:
    - nombre = 2
    - type = Kaplan axe vertical
    - puissance = 8,36 MW/turbine
    - vitesse = 272,7 tpm
Alternateurs
    - voltage = 6,6 kV
    - puissance = 9 MVA/alternateur
    - facteur de puissance = 0,9

ANNEXE 2 : LES AMENAGEMENTS HYDRAULIQUES

- le revêtement en béton du canal primaire long de 17,36 km et les canaux secondaires ayant une longueur de 19,8 km en béton et des ouvrages associés ;
- la construction d'un réservoir tampon et d'un siphon renversé d'une longueur de 324 mètres et une section de 2 m x 2 m en dalot, ainsi que d'un aqueduc de 580 mètres de long ;
- la réalisation des canaux tertiaires en terre compactée d'une longueur de 42,18 km ;
- la réalisation d'un réseau de pistes (primaires, secondaires et tertiaires) et des couloirs transversaux permettant le transit du bétail à travers le périmètre de part et d'autre du Nakanbé.
- le débroussaillage (y compris le dessouchage) et le planage de la superficie à aménager.
- Tout comme les autres tranches d'aménagement, les composantes connexes à l'aménagement hydraulique comprennent :
- la création et le lotissement de sept villages d'exploitants ;
- le lotissement de 792 hectares de champs pluviaux ;
- la construction et l'équipement de cinq écoles primaires ;
- la construction et l'équipement de trois CSPS ;
- la construction de sept centres d'accueil ;
- la construction de huit logements d'encadreurs ;
- la réalisation de 42,3 km de pistes rurales pour désenclaver la zone ;
- la construction d'une ligne pour le transport de l'énergie électrique pour desservir les sept villages ;
- la réalisation de 25 forages équipés de pompes à motricité humaine ;
- la construction de magasins de stockage des productions ;
- l'acquisition de matériels et équipements agricoles pour soutenir la mise en valeur des exploitations
- etc.

ANNEXE 3 : QUESTIONNAIRES

QUESTIONNAIRE PECHEURS

I - ACTIVITES

1- Nom : Prénom(s) :
2- Ethnie :
3- Quelles ont été pour vous les conséquences de la mise en eau du barrage ?
4- Quelles ont été les opportunités ?
5- Année de début de l'activité de pêche
6- La pêche est-elle pour vous une activité
Secondaire   Principale
7- Quels sont les autres activités menées :
8- Nombre de jours de pêche par semaine :
9- Les quantités de prises/jours
10- Quelles sont les différentes techniques de pêches que vous utilisez ?
11- Quelles sont les différentes charges liés à la pratique de l'activité ?
12- Quels sont les différentes charges liées à la pratique de l'activité ?
13- Quel est votre circuit d'écoulement de la production ?
14- Les quantités auto consommées
15- Quels sont les investissements et charges supportés grâce au revenus de l'activité ?
16- L'activité est-elle source d'amélioration de votre statut social ?

II- PERCEPTION PAYSANNE DU CHANGEMENT CLIMATIQUE
A   PLUVIOMETRIE
1 – Avez-vous remarqué une baisse des pluies par rapport au passé ?
Oui   Non
2– Depuis quand est intervenue cette tendance des baisses ?
1972 – 1973   1977   1980 – 2008   Autre (préciser)
3 – Comment percevez-vous cette baisse des pluies ?
a) - Diminution des quantités tombées
b) - Arrêt précoce
c) - Retard dans l'installation de la saison des pluies
d) - Fréquence de périodes sèches en saisons des pluies
4 – Observez – vous des pauses pluviométriques au cours de l'hivernage ?
Oui   Non
5 – Ces pauses sont – elles plus fréquentes actuellement que par le passé ?
Oui   Non
6 – Ces pauses sont – elles longues ? Oui   Non
7 – Si oui, de combien de jours ?
5 à 7 ?   8 à 15 ?   16 à 21?
Courtes ?   Moins de 5 jours ?
8- Quels sont les mois les plus affectés par ces ruptures ?
mai   juin   juillet
août   septembre   octobre
9 – Le début de la saison des pluies est – il précoce ?   Tardif ?   Normal ?
10 – La fin des pluies est – elle tardive ?   Précoce ?   Normale ?
11 – Quelle est la durée actuelle de la saison des pluies ?
3 mois ?   4 mois ?   5 mois ?   6 mois ?   7 mois ?
12 – Y a – t – il une diminution du nombre de mois pluvieux ? Oui   Non

13 – Si oui, de combien ? 1 mois   2 mois   3 mois
14 – Quelles sont les conséquences de cette baisse des pluies sur la couverture végétale ?
a) - Changement de la physionomie ?
b) - Mortalité des espèces végétales ?
c) - Disparition totale de certaines espèces ?
d) - apparition d'espèces nouvelles dans la zone ?
e) - Eclaircissement des écosystèmes de végétations denses?
f) - Régression de la diversité végétale ?
g) - Autre (préciser) ?
15 – Quelles sont les conséquences de cette baisse des pluies sur les activités de pêche ?
a) - Baisse de la production ?
b) – Utilisation de filet de faible maille ?
c) - Insuffisance des productions pour les besoins des ménages ?
d) – Baisse du niveau du plan d'eau ?
e) – Abandon de certaines techniques de pêche ?
f) – Pratique du battage des eaux pour accroître la production ?
i)- Apparition de nouvelles espèces de poissons
i) - Autre (préciser) ?
16 – Quelles sont les conséquences sociales des sécheresses ?
a) - Augmentation des périodes de soudure en saison des pluies ?
b) - Exode rural ?
c) - Emigration ?
d) - Augmentation de la pauvreté ?
e) - Problèmes sanitaires accrus ?
f) - Autre (préciser) ?
17 – Quelles sont les stratégies que vous développez pour lutter contre cette baisse des pluies au niveau de la pêche ?
18 – Cette diminution des pluies a – t – elle suscité un changement de comportement dans vos activités traditionnelles ?
Oui   Non
19 – Si oui, quels sont les nouveaux comportements que vous avez adoptés pour faire face à cette contrainte climatique ?
- ....
- ....
20 – Quelles sont les nouvelles activités développées pour faire face à cette contrainte climatique ?
B   TEMPERATURES (insolation)
21- Avez-vous constaté des changements au niveau des températures ces dix dernières années ?
          Oui □   Non □
          Si oui, à quel niveau ?
22- Y a-t-il une hausse durant la saison sèche ?   Oui □ Non □
          Une baisse durant la saison sèche ?   Oui □ Non □
                    Pourquoi ces changements ?
23- La période chaude est-elle devenue plus longue ? Oui □ Non □   Ne sais pas □
                    Pourquoi ?
24- Quelles sont les conséquences de cette variation de températures sur les activités ?
25- Que faites vous pour pallier ces conséquences ?
C   VENTS
26- Avez-vous constaté des changements au niveau de la vitesse des vents ces dix dernières années ?
          Oui □ Non □
          Si oui à pourquoi ?
27- Les vents sont-ils devenus plus forts en saison sèche ?   Oui □ Non □ Pas de changement □
                    Si oui pourquoi ?
                    Plus forts durant la saison des pluies ? Oui □ Non □   Pas de changement □
                    Si oui pour quoi?
28- Les vents changent ils de direction suivant les saisons ?
29- Quelles sont les conséquences des vents sur les activités ?

30- Que faites vous pour pallier ces conséquences ?

III- Bagré et impacts

1- Quelles ont été les conséquences de la mise en eau du Barrage?
Conséquences positives :

Sur l'agriculture	
Sur l'élevage	
Sur la pêche	
Sur le maraîchage	
Sur l'environnement (flore et faune)	
La population	

B   Conséquences négatives :

Sur l'agriculture	
Sur l'élevage	
Sur la pêche	
Sur le maraîchage	
Sur l'environnement (flore et faune)	
La population	

2 -Quelles ont été les stratégies pour faire face aux conséquences négatives de la mise en eau du barrage?

Pour l'agriculture	
Pour l'élevage	
Pour la pêche	
Pour le maraîchage	
Pour l'environnement (flore et faune)	
Pour la population	

IV- Ventilation des revenus

Postes de dépenses	Biens manufacturés	Equipements agricoles	Habitat	Elevage	Epargne	Habillement	Achat de vivres	Santé	Entretien, renouvellement d'équipement	Autres dépenses
Coût annuel										

QUESTIONNAIRE ACTIVITE MARAICHERE

I- ACTIVITES

1. Nom Prénom(s)
2. Ethnie
3. Date du début de l'activité
4. Le maraîchage est-il une activité
5. Principale Secondaire
6. Les autres activités exercées
7. Quelles sont les activités abandonnées à cause du barrage
8. Les activités ayant émergées avec l'avènement du barrage
9. Quels sont les types de cultures maraîchères et une estimation des quantités produites par campagne ?
10- Quel est votre calendrier cultural ? (différentes étapes pour exploitation et les périodes)
11- Le calendrier agricole a-t-il changé en dix ans ?
   Quelles sont les causes de ce changement du calendrier ?
   Quelles en sont les conséquences ?
   Quelles solutions proposez-vous ?
12- Utilisez-vous des fertilisants dans vos champs ? Oui □   Non □
   Si oui quels types de fertilisant et à quelle quantité?
   Fumure organique □   NPK □   urée □   autre (préciser)..........................
   Pourquoi utilisez vous ces fertilisants ?
13- Selon vous, l'impact de votre activité sur l'environnement (eau, sol, végétation) est :
   Positif □   Négatif □   Pourquoi ?
14- Quels sont les problèmes majeurs de l'activité maraichère?
15- Que faite vous pour résoudre ces problèmes ?
16- Les productions parviennent-elles à couvrir vos besoins pendant toute l'année ?
   Oui □   Non □
   Si oui pourquoi ?
   Si non pourquoi ?
17- Comment pensez-vous réduire la vulnérabilité de votre exploitation agricole ?
18- Que ferez-vous en cas d'une année de sécheresse ?
   Chercher une autre activité (extraction minière, commerce, etc.) □
   Baisse du nombre de repas quotidiens □
   Baisse de la ration alimentaire familiale □
   Autre (préciser) :...
19- Que ferez-vous si plusieurs années de sécheresse s'enchaînent, quelles seraient les options les plus efficaces pour s'adapter ? (Classez dans l'ordre les trois premières)

Options	Classement
Octroi de crédit agricole	
Offre de travail salarié (manœuvre routes, ...)	
Faciliter la migration vers pays voisins	
Utilisation de semences résistantes	
Diversification des activités	
L'irrigation	
Réduction des prix des intrants	
Aide alimentaire	

20- Quelle est votre superficie de production
21. Quelles sont les différentes charges liées à la pratique de l'activité ?
22. Quel est votre circuit d'écoulement de la production ?
23. Les quantités auto consommées
24. Quels sont les investissements et charges supportés grâce aux revenus de l'activité ?
25. L'activité est-elle source d'amélioration de votre statut social ?

II- PERCEPTION PAYSANNE DU CHANGEMENT CLIMATIQUE

A   PLUVIOMETRIE

1 – Avez-vous remarqué une baisse des pluies par rapport au passé ?
Oui   Non
2– Depuis quand est intervenue cette tendance des baisses ?
1972 – 1973   1980   2002 – 2008   Autre (préciser)
3 – Comment percevez-vous cette baisse des pluies ?
a) - Diminution des quantités tombées
b) - Arrêt précoce
c) - Retard dans l'installation de la saison des pluies
d) - Fréquence de périodes sèches en saisons des pluies
4 – Observez – vous des pauses pluviométriques au cours de l'hivernage ?
Oui   Non
5 – Ces pauses sont – elles plus fréquentes actuellement que par le passé ?
Oui   Non
6 – Ces pauses sont – elles longues ? Oui   Non
7 – Si oui, de combien de jours ?
5 à 7 ?   8 à 15 ?   16 à 21?
Courtes ?   Moins de 5 jours ?
8- Quels sont les mois les plus affectés par ces ruptures ?
mai   juin   juillet
août   septembre   octobre
9 – Le début de la saison des pluies est – il précoce ?   Tardif ?   Normal ?
10 – La fin des pluies est – elle tardive ?   Précoce ?   Normale ?
11 – Quelle est la durée actuelle de la saison des pluies ?
3 mois ?   4 mois ?   5 mois ?   6 mois ?   7 mois ?
12 – Y a – t – il une diminution du nombre de mois pluvieux ? Oui   Non
13 – Si oui, de combien ? 1 mois   2 mois   3 mois
14 – Quelles sont les conséquences de cette baisse des pluies sur la couverture végétale ?
a) - Changement de la physionomie ?
b) - Mortalité des espèces végétales ?
c) - Disparition totale de certaines espèces ?
d) - Apparition d'espèces nouvelles dans la zone ?
e) - Eclaircissement des écosystèmes de végétations denses?
f) - Régression de la diversité végétale ?
g) - Autre (préciser) ?
15 – Quelles sont les conséquences de cette baisse des pluies sur les activités maraichères ?
a) - Baisse de la production ?
b) - Abandon des cultures à cycle long ?
c) - Insuffisance des productions pour les besoins des ménages ?
d) - Baisse de la fertilité des sols ?
e) – Réduction de la durée de l'activité ?
f) – Augmentation de la superficie de production ?
i) - Autre (préciser) ?
16 – Quelles sont les conséquences sociales des sécheresses ?
a) - Augmentation des périodes de soudure en saison des pluies ?
b) - Exode rural ?
c) - Emigration ?
d) - Augmentation de la pauvreté ?
e) - Problèmes sanitaires accrus ?
f) - Autre (préciser) ?
17 – Quelles sont les stratégies que vous développez pour lutter contre cette baisse des pluies ?
a) - au niveau de la dégradation de la végétation
b) - dans les activités agricoles

18 – Cette diminution des pluies a – t – elle suscité un changement de comportement dans vos activités traditionnelles ?
Oui   Non
19 – Si oui, quels sont les nouveaux comportements que vous avez adoptés pour faire face à cette contrainte climatique ?
1 - ....
2 -..
3 - ....
4 - ....
5 - ....
20 – Quelles sont les nouvelles activités développées pour faire face à cette contrainte climatique ?

B   TEMPERATURES (insolation)

21- Avez-vous constaté des changements au niveau des températures ces dix dernières années ?
        Oui □   Non □
        Si oui, à quel niveau ?
22- Y a-t-il une hausse durant la saison sèche ?   Oui □   Non □
        Une baisse durant la saison sèche ?   Oui □   Non □
                Pourquoi ces changements ?
23- La période chaude est-elle devenue plus longue ?   Oui □   Non □   Ne sais pas □
                Pourquoi ?
24- Quelles sont les conséquences de cette variation de températures sur les activités
C   VENTS
25- Avez-vous constaté des changements au niveau de la vitesse des vents ces dix dernières années ?   Oui □   Non □
        Si oui à pourquoi ?
26- Les vents sont-ils devenus plus forts en saison sèche ?   Oui □   Non □   Pas de changement □
        Si oui pourquoi ?
        Plus forts durant la saison des pluies ? Oui □   Non □   Pas de changement □
                Si oui pour quoi?
27- Les vents changent ils de direction suivant les saisons ?
28- Quelles sont les conséquences des vents sur les activités ?

III- Bagré et impacts

1- Quelles ont été les conséquences de la mise en eau du Barrage?
Conséquences positives :

Sur l'agriculture	
Sur l'élevage	
Sur la pêche	
Sur le maraîchage	
Sur l'environnement (flore et faune)	
La population	

B   Conséquences négatives :

Sur l'agriculture	
Sur l'élevage	
Sur la pêche	
Sur le maraîchage	
Sur l'environnement (flore et faune)	
La population	

2 -Quelles ont été les stratégies pour faire face aux conséquences négatives de la mise en eau du barrage?

Pour l'agriculture	
Pour l'élevage	
Pour la pêche	
Pour le maraîchage	
Pour l'environnement (flore et faune)	
Pour la population	

IV- Ventilation des revenus

Postes de dépenses	Biens manufacturés	Equipements agricoles	Habitat	Epargne	Habillement	Achat de vivres	Santé	Produits pour santé animale	Autres dépenses
Coût annuel									

QUESTIONNAIRE ELEVEURS

I ACTIVITES

1 – Nom : Prénom(s) :
2 – Ethnie :
3-Quel type d'élevage pratiquez-vous ?
Sédentaire □   transhumant □   nomade □
Pourquoi ?
4- Pour la transhumance, à quelle période, où (le circuit de la transhumance) et vers quoi vous vous dirigez ?
5- Quels types d'animaux élevez-vous ?
Bovins □   Caprins □   Ovins □   Camélidés □   Asins □   Volaille □
6- Effectif approximatif du cheptel en 1996 et 2009

Espèces		Bovins	Caprins	Ovins	Camélidés	Asins	Volaille
Effectif	1996						
	2009						

5- Le calendrier pastoral a-t-il changé ? Pourquoi ?
        Quelles en sont les conséquences ?
6- Pratiquez-vous l'embouche ?   Oui □   Non □ Quels animaux ?
Pourquoi ?
7- Où parquez-vous vos animaux ? Pourquoi ?
8- Que faites-vous du fumier du parc ?
9- Quelles sont les espèces fourragères préférées par les animaux ?
        Où les trouve-t-on (position topographique) ?
        Existent-elles sur votre terroir ?   Oui □   Non □
10- Utilisez-vous les SPAI comme complément alimentaire ?   Oui □   Non □
        A quelle période de l'année les utilisez-vous le plus ?   Pourquoi ?
11- Abreuvement pendant les différentes saisons de l'année

Lieux d'abreuvement	Saison	
	Pluvieuse	Sèche

12- Selon vous, l'impact des animaux sur l'environnement (eau, sol, végétation) est :
        Positif □   Négatif □
        Pourquoi ?
13- Quelles sont les maladies courantes des animaux ?
Les maladies sont telles courante maintenant plus qu'avant ?
        A quelle période de l'année les animaux sont le plus malade ?
Selon vous, les raisons sont elles liées au climat ?
14- Les prix du bétail ont-ils changés cette dernière décennie ?   Oui □   Non □
        Quelle est la tendance ?   hausse □   baisse □
15- Quels problèmes rencontrez-vous dans le cadre de votre activité ?
16- Que faites-vous pour les résoudre ?

II- PERCEPTION PAYSANNE DU CHANGEMENT CLIMATIQUE

A   PLUVIOMETRIE

1 – Avez-vous remarqué une diminution des quantités de pluies par rapport au passé ?
Oui   Non
2 – Depuis quand est intervenue cette baisse ?
3 – Comment percevez-vous cette baisse des pluies ?
a) - Diminution des quantités tombées
b) - Arrêt précoce
c) - Retard dans l'installation de la saison des pluies
d) - Fréquence de périodes sèches en saisons des pluies
4 – Observez – vous des pauses pluviométriques au cours de l'hivernage ?
Oui   Non

5 – Ces pauses sont – elles plus fréquentes actuellement que par le passé ?
Oui   Non
6 – Ces pauses sont – elles longues ? Oui   Non
7 – Si oui, de combien de jours ?
5 à 7 ?   8 à 15 ?   16 à 21?
Courtes ?   Moins de 5 jours ?
8- Quels sont les mois les plus affectés par ces ruptures ?
mai   juin   juillet
août   septembre   octobre
9 – Le début de la saison des pluies est – il précoce ?   Tardif ?   Normal ?
10 – La fin des pluies est – elle tardive ?   Précoce ?   Normale ?
11 – Quelle est la durée actuelle de la saison des pluies ?
3 mois ?   4 mois ?   5 mois ?   6 mois ?   7 mois ?
12 – Y a – t – il une diminution du nombre de mois pluvieux ? Oui   Non
13 – Si oui, de combien ? 1 mois   2 mois   3 mois
14 – Quelles sont les conséquences de cette baisse des pluies sur la couverture végétale ?
a) - Changement de la physionomie ?
b) - Mortalité des espèces végétales ?
c) - Disparition totale de certaines espèces ?
d) - apparition d'espèces nouvelles dans la zone ?
e) - Eclaircissement des écosystèmes de végétations denses ?
f) - Régression de la diversité végétale ?
g) - Autre (préciser) ?
15 – Quelles sont les conséquences de cette baisse des pluies sur le réseau hydrographique?
a) - Faiblesse de l'écoulement ?
b) - Absence d'écoulement
c) - Assèchement précoce des cours d'eau ?
d) - Arrêt de l'écoulement une partie de l'année ?
e) - Tarissement ?
f) - Autre (préciser) ?
16 – Quelles sont les conséquences de cette baisse des pluies sur les activités agricoles ?
a) - Baisse de la production ?
b) - Abandon des cultures à cycle long ?
c) - Insuffisance des productions pour les besoins des ménages ?
d) - Baisse de la fertilité des sols ?
e) - Défrichement intensif ?
f) - Pression agricole sur les zones de bas-fonds ?
i) - Autre (préciser) ?
17 – Quelles sont les conséquences de cette baisse des pluies sur les activités pastorales ?
a) - Insuffisance d'eau disponible pour l'abreuvement du bétail ?
b) - Insuffisance de pâturages ?
c) - La fragilité et la précarité des écosystèmes pâturés ?
d) - La fragilité du système de production pastoral ?
e) - Disparition de certaines espèces végétales de valeurs d'usage ?
f) - Autre (préciser) ?
18 – Quelles sont les conséquences de cette baisse des pluies sur l'évolution des eaux souterraines ?
a) - Augmentation de la profondeur des puits ?
b) - Difficultés d'approvisionnement en eau potable ?
c) - Changement de la qualité de l'eau pour les cheptels?
d) - Autre (préciser) ?
19 – Quelles sont les conséquences sociales des sécheresses ?
a) - Augmentation des périodes de soudure en saison des pluies ?
b) - Exode rural ?
c) - Emigration ?
d) - Augmentation de la pauvreté ?
e) - Problèmes sanitaires accrus ?
f) - Autre (préciser) ?
20 – Quelles sont les stratégies que vous développez pour lutter contre cette baisse des pluies ?
a) - au niveau de la dégradation de la végétation
b) - dans les activités pastorales
21 – Cette diminution des pluies a – t – elle suscité un changement de comportement dans vos activités traditionnelles ?

Oui   Non

22 – Si oui, quels sont les nouveaux comportements que vous avez adoptés pour faire face à cette contrainte climatique ?

1 - ....

2 - ....

3 - ....

4 - ....

5 - ....

23 – Quelles sont les nouvelles activités développées pour faire face à cette contrainte climatique ?

B   TEMPERATURES

24- Avez-vous constaté des changements au niveau des températures ces dix dernières années ?

Oui □   Non □

Si oui, à quel niveau ?

25- Y a-t-il une hausse durant la saison sèche ?   Oui □   Non □

Une baisse durant la saison sèche ?   Oui □   Non □

Pourquoi ces changements ?

26- La période chaude est-elle devenue plus longue ? Oui □   Non □   Ne sais pas □

Pourquoi ?

27- La variation des températures a-t-elle un impact sur vos activités ?

Si Oui, les quelles ?

28- Quelles sont vos stratégies pour s'adapter à cette variation ?

C   VENTS

29- Avez-vous constaté des changements au niveau de la vitesse des vents ces dix dernières années ?   Oui □   Non □

Si oui à pourquoi ?

30- Les vents sont-ils devenus plus forts en saison sèche ?   Oui □   Non □ Pas de changement □

Si oui pourquoi ?

Plus forts durant la saison des pluies ? Oui □   Non □   Pas de changement □

Si oui pour quoi?

31-Les vents changent ils de direction suivant les saisons ?

32- Quels impacts le vent a sur vos activités ?

33- Quelles sont vos stratégies pour s'adapter à ce phénomène ?

III- Bagré et impacts

1- Quelles ont été les conséquences de la mise en eau du Barrage?

A   Conséquences positives :

a)   sur l'activité d'élevage

b)   Sur les autres activités :

Sur l'agriculture	
Sur la pêche	
Sur le maraîchage	
Sur l'environnement (flore et faune)	
La population	

B   Conséquences négatives de la mise en eau du barrage sur :

l'activité d'élevage :

Sur les autres activités :

Sur l'agriculture	
Sur la pêche	

Sur le maraîchage	
Sur l'environnement (flore et faune)	
La population	

2-Quelles ont été les stratégies pour faire face aux conséquences négatives de la mise en eau du barrage?

3- Quelle est votre statut en étant dans cette zone pastorale

4- Quelles sont les avantages et opportunités offerts par la zone pastorale ?

5- Quelles sont les contraintes et les difficultés d'être installées dans une zone pastorales ?

6- Quelles sont vos stratégies pour faire face à ces difficultés ?

IV- Ventilation des revenus

Postes de dépenses	Biens manufacturés	Equipements agricoles	Habitat	Epargne	Habillement	Achat de vivres	Santé	Produits pour santé animale	Autres dépenses
Coût annuel									

QUESTIONNAIRE ACTIVITE DE DECRUE

ACTIVITES
1 – Nom : Prénom(s) :
2 – Ethnie :
3 – Année du début de l'activité de décrue :
4 – Pratiquez- vous l'activité de décrues avant la mise en eau du barrage ? et Où ?
5 – Quelles sont les autres activités que vous exercez ?
6 - Quelles ont été pour vous les conséquences de la mise en eau du barrage ?
7 – Quels sont les systèmes d'adaptation développés pour parer ces conséquences?
7- Quelles sont les opportunités offertes par le barrage ?
8 – Activités abandonnés à cause de la mise en eau du barrage.
9 – Les activités ayant émergées grâce à la mise en eau du barrage.
10 - Quel sont les types de cultures et une estimation des quantités produites par campagne pour votre activité de décrues?
11- Quel est votre calendrier cultural pour la décrue? (différentes étapes pour exploitation et les périodes)
12- Le calendrier agricole a-t-il changé en dix ans ?
    Quelles sont les causes de ce changement du calendrier ?
    Quelles en sont les conséquences ?
    Quelles solutions proposez-vous ?
12- Utilisez-vous des fertilisants dans vos champs de décrues ? Oui □ Non □
    Si oui quels types de fertilisant et à quelle quantité?
    Fumure organique □   NPK □   urée □   autre (préciser)........................
    Pourquoi utilisez vous ces fertilisants ?
13- Selon vous, l'impact de votre activité sur l'environnement (eau, sol, végétation) est :
    Positif □   Négatif □   Pourquoi ?
14- Quels sont les problèmes majeurs de l'activité de décrues ?
15- Que faite vous pour résoudre ces problèmes ?
16- Les productions parviennent-elles à couvrir vos besoins pendant toute l'année ?
    Oui □   Non □
    Si oui pourquoi ?
    Si non pourquoi ?
17- Comment pensez-vous réduire la vulnérabilité de votre exploitation agricole ?
18- Que ferez-vous en cas d'une année de sécheresse ?
    Chercher une autre activité (extraction minière, commerce, etc.) □
    Baisse du nombre de repas quotidiens □
    Baisse de la ration alimentaire familiale □
    Autre (préciser) :...
19- Que ferez-vous si plusieurs années de sécheresse s'enchaînent, quelles seraient les options les plus efficaces pour s'adapter ? (Classez dans l'ordre les trois premières)

Options	Classement
Octroi de crédit agricole	
Offre de travail salarié (manœuvre routes, …)	
Faciliter la migration vers pays voisins	
Utilisation de semences résistantes	
Diversification des activités	
L'irrigation	
Réduction des prix des intrants	
Aide alimentaire	
Intensification de l'agriculture de décrue	

20- Quelle est votre superficie de production
21 - Quelles sont les différentes charges liées à la pratique de l'activité ?
22 - Quel est votre circuit d'écoulement de la production ?
23 - Les quantités auto consommées
24 - Quels sont les investissements et charges supportés grâce aux revenus de l'activité ?
25 - L'activité est-elle source d'amélioration de votre statut social ?

II- PERCEPTION PAYSANNE DU CHANGEMENT CLIMATIQUE

A   PLUVIOMETRIE
1 – Avez-vous remarqué une baisse des pluies par rapport au passé ?
Oui   Non
2– Depuis quand est intervenue cette tendance des baisses ?
1972 – 1973   1980   2002 – 2008   Autre (préciser)
3 – Comment percevez-vous cette baisse des pluies ?
a) - Diminution des quantités tombées
b) - Arrêt précoce
c) - Retard dans l'installation de la saison des pluies
d) - Fréquence de périodes sèches en saisons des pluies
4 – Observez – vous des pauses pluviométriques au cours de l'hivernage ?
Oui   Non
5 – Ces pauses sont – elles plus fréquentes actuellement que par le passé ?
Oui   Non
6 – Ces pauses sont – elles longues ? Oui   Non
7 – Si oui, de combien de jours ?
5 à 7 ?   8 à 15 ?   16 à 21?
Courtes ?   Moins de 5 jours ?
8- Quels sont les mois les plus affectés par ces ruptures ?
mai   juin   juillet
août   septembre   octobre
9 – Le début de la saison des pluies est – il précoce ?   Tardif ?   Normal ?
10 – La fin des pluies est – elle tardive ?   Précoce ?   Normale ?
11 – Quelle est la durée actuelle de la saison des pluies ?
3 mois ?   4 mois ?   5 mois ?   6 mois ?   7 mois ?
12 – Y a – t – il une diminution du nombre de mois pluvieux ? Oui   Non
13 – Si oui, de combien ? 1 mois   2 mois   3 mois
14 – Quelles sont les conséquences de cette baisse des pluies sur la couverture végétale ?
a) - Changement de la physionomie ?
b) - Mortalité des espèces végétales ?
c) - Disparition totale de certaines espèces ?
d) - Apparition d'espèces nouvelles dans la zone ?
e) - Eclaircissement des écosystèmes de végétations denses?
f) - Régression de la diversité végétale ?
g) - Autre (préciser) ?
15 – Quelles sont les conséquences de cette baisse des pluies sur les activités de décrues ?
a) – Baisse de la production ?
b) – Abandon des cultures à cycle long ?
c) – Insuffisance des productions pour les besoins des ménages ?
d) – Baisse de la fertilité des sols ?
e) – Réduction de la durée de l'activité ?
f) – Augmentation de la superficie de production ?
i) – Autre (préciser) ?
16 – Quelles sont les conséquences sociales des sécheresses ?
a) – Augmentation des périodes de soudure en saison des pluies ?
b) – Exode rural ?
c) – Emigration ?
d) – Augmentation de la pauvreté ?
e) – Problèmes sanitaires accrus ?
f) – Autre (préciser) ?
17 – Quelles sont les stratégies que vous développez pour lutter contre cette baisse des pluies ?
a) – au niveau de la dégradation de la végétation
b) – dans les activités agricoles
18 – Cette diminution des pluies a – t – elle suscité un changement de comportement dans vos activités traditionnelles ?
Oui   Non

19 – Si oui, quels sont les nouveaux comportements que vous avez adoptés pour faire face à cette contrainte climatique ?
1 - ....
2 -...
3 - ....
4 - ....
5 - ....
20 – Quelles sont les nouvelles activités développées pour faire face à cette contrainte climatique ?
B   TEMPERATURES (insolation)
21- Avez-vous constaté des changements au niveau des températures ces dix dernières années ?
        Oui □   Non □
        Si oui, à quel niveau ?
22- Y a-t-il une hausse durant la saison sèche ?   Oui □   Non □
        Une baisse durant la saison sèche ?   Oui □   Non □
             Pourquoi ces changements ?
23- La période chaude est-elle devenue plus longue ?   Oui □   Non □   Ne sais pas □
        Pourquoi ?
24- Quelles sont les conséquences de cette variation de températures sur les activités
C   VENTS
25- Avez-vous constaté des changements au niveau de la vitesse des vents ces dix dernières années ?   Oui □   Non □
        Si oui à pourquoi ?
26- Les vents sont-ils devenus plus forts en saison sèche ?   Oui □   Non □   Pas de changement □
        Si oui pourquoi ?
        Plus forts durant la saison des pluies ? Oui □   Non □   Pas de changement □
           Si oui pour quoi ?
27- Les vents changent ils de direction suivant les saisons ?
28- Quelles sont les conséquences des vents sur les activités ?

III-Bagré et impacts

Quelles ont été les conséquences de la mise en eau du Barrage ?
Conséquences positives :

Sur la riziculture	
Sur l'élevage	
Sur la pêche	
Sur le Maraîchage	
Sur l'environnement (flore et faune)	
La population	
Agriculture de décrues	

B   Conséquences négatives :

Sur la riziculture	
Sur l'élevage	
Sur la pêche	
Sur le Maraîchage	
Sur l'environnement (flore et faune)	
La population	
Agriculture de décrues	

2 -Quelles ont été les stratégies pour faire face aux conséquences négatives de la mise en eau du barrage?

Pour l'agriculture	
Pour l'élevage	
Pour la pêche	
Pour le Maraîchage	
Pour l'environnement (flore et faune)	
Pour la population	
Agriculture de décrues	

IV- Ventilation des revenus

Postes de dépenses	Biens manufacturés	Equipements agricoles	Habitat	Elevage	Epargne	Habillement	Achat de vivres	Santé	Entretien, renouvellement d'équipement	Autres dépenses
Coût annuel										

QUESTIONNAIRE RIZICULTURE

I- ACTIVITES

1. Nom Prénom(s)
2. Ethnie
3. Date du début de l'activité
4. La riziculture est-il une activité
. Principale   Secondaire
5. Les autres activités exercées
7. Quelles sont les activités abandonnées à cause du barrage
8. Les activités ayant émergées avec l'avènement du barrage
9. Quels sont les types de riz et une estimation des quantités produites par campagne ?
10- Quel est votre calendrier cultural ? (différentes étapes pour exploitation et les périodes)
11- Le calendrier agricole a-t-il changé en dix ans ?
          Quelles sont les causes de ce changement du calendrier ?
          Quelles en sont les conséquences ?
          Quelles solutions proposez-vous ?
12- Utilisez-vous des fertilisants dans vos champs ? Oui ☐   Non ☐
          Si oui quels types de fertilisant et à quelle quantité?
          Fumure organique ☐   NPK ☐   urée ☐   autre (préciser).........................
          Pourquoi utilisez vous ces fertilisants ?
13- Selon vous, l'impact de votre activité sur l'environnement (eau, sol, végétation) est :
          Positif ☐   Négatif ☐   Pourquoi ?
14- Quels sont les problèmes majeurs de l'activité rizicole?
15- Que faite vous pour résoudre ces problèmes ?
16- Les productions parviennent-elles à couvrir vos besoins pendant toute l'année ?
          Oui ☐   Non ☐
          Si oui pourquoi ?
          Si non pourquoi ?
17- Comment pensez-vous réduire la vulnérabilité de votre exploitation agricole ?
18- Que ferez-vous en cas d'une année de sécheresse ?
          Chercher une autre activité (extraction minière, commerce, etc.) ☐
          Baisse du nombre de repas quotidiens   ☐
          Baisse de la ration alimentaire familiale   ☐
          Autre (préciser) :..
19- Que ferez vous si plusieurs années de sécheresse s'enchaînent, quelles seraient les options les plus efficaces pour s'adapter ? (Classez dans l'ordre les trois premières)

Options	Classement
Octroi de crédit agricole	
Offre de travail salarié (manœuvre routes, ...)	
Faciliter la migration vers pays voisins	
Utilisation de semences résistantes	
Diversification des activités	
L'irrigation	
Réduction des prix des intrants	
Aide alimentaire	

20- Quelle est votre superficie de production
21. Quelles sont les différentes charges liées à la pratique de l'activité ?
22. Quel est votre circuit d'écoulement de la production ?
23. Les quantités auto consommées
24. Quels sont les investissements et charges supportés grâce aux revenus de l'activité ?
25. L'activité est-elle source d'amélioration de votre statut social ?

II- PERCEPTION PAYSANNE DU CHANGEMENT CLIMATIQUE

A   PLUVIOMETRIE

1 – Avez-vous remarqué une baisse des pluies par rapport au passé ?
Oui   Non

2– Depuis quand est intervenue cette tendance des baisses ?
1972 – 1973   1980   2002 – 2008   Autre (préciser)

3 – Comment percevez-vous cette baisse des pluies ?
a) - Diminution des quantités tombées
b) - Arrêt précoce
c) - Retard dans l'installation de la saison des pluies
d) - Fréquence de périodes sèches en saisons des pluies

4 – Observez – vous des pauses pluviométriques au cours de l'hivernage ?
Oui   Non

5 – Ces pauses sont – elles plus fréquentes actuellement que par le passé ?
Oui   Non

6 – Ces pauses sont – elles longues ? Oui   Non

7 – Si oui, de combien de jours ?
5 à 7 ?   8 à 15 ?   16 à 21?
Courtes ?   Moins de 5 jours ?

8- Quels sont les mois les plus affectés par ces ruptures ?
mai   juin   juillet
août   septembre   octobre

9 – Le début de la saison des pluies est – il précoce ?   Tardif ?   Normal ?

10 – La fin des pluies est – elle tardive ?   Précoce ?   Normale ?

11 – Quelle est la durée actuelle de la saison des pluies ?
3 mois ?   4 mois ?   5 mois ?   6 mois ?   7 mois ?

12 – Y a – t – il une diminution du nombre de mois pluvieux ? Oui   Non

13 – Si oui, de combien ? 1 mois   2 mois   3 mois

14 – Quelles sont les conséquences de cette baisse des pluies sur la couverture végétale ?
a) - Changement de la physionomie ?
b) - Mortalité des espèces végétales ?
c) - Disparition totale de certaines espèces ?
d) - Apparition d'espèces nouvelles dans la zone ?
e) - Eclaircissement des écosystèmes de végétations denses?
f) - Régression de la diversité végétale ?
g) - Autre (préciser) ?

15 – Quelles sont les conséquences de cette baisse des pluies sur la riziculture ?
a) - Baisse de la production ?
b) - Abandon des cultures à cycle long ?
c) - Insuffisance des productions pour les besoins des ménages ?
d) - Baisse de la fertilité des sols ?
e) – Réduction de la durée de l'activité ?
f) – Augmentation de la superficie de production ?
i) - Autre (préciser) ?

16 – Quelles sont les conséquences sociales des sécheresses ?
a) - Augmentation des périodes de soudure en saison des pluies ?
b) - Exode rural ?
c) - Emigration ?
d) - Augmentation de la pauvreté ?
e) - Problèmes sanitaires accrus ?
f) - Autre (préciser) ?

17 – Quelles sont les stratégies que vous développez pour lutter contre cette baisse des pluies ?
a) - au niveau de la dégradation de la végétation
b) - dans les activités agricoles

18 – Cette diminution des pluies a – t – elle suscité un changement de comportement dans vos activités traditionnelles ?
Oui   Non

19 – Si oui, quels sont les nouveaux comportements que vous avez adoptés pour faire face à cette contrainte climatique ?

1 - ....

2 - ....

3 - ....

4 - ....

5 - ....

20 – Quelles sont les nouvelles activités développées pour faire face à cette contrainte climatique ?

B   TEMPERATURES (insolation)

21- Avez-vous constaté des changements au niveau des températures ces dix dernières années ?

      Oui ▫ Non ▫

      Si oui, à quel niveau ?

22- Y a-t-il une hausse durant la saison sèche ? Oui ▫ Non ▫

      Une baisse durant la saison sèche ?   Oui ▫ Non ▫

            Pourquoi ces changements ?

23- La période chaude est-elle devenue plus longue ? Oui ▫ Non ▫ Ne sais pas ▫

         Pourquoi ?

24- Quelles sont les conséquences de cette variation de températures sur les activités

C   VENTS

25- Avez-vous constaté des changements au niveau de la vitesse des vents ces dix dernières années ?   Oui ▫ Non ▫

      Si oui à pourquoi ?

26- Les vents sont-ils devenus plus forts en saison sèche ?   Oui ▫ Non ▫ Pas de changement ▫

        Si oui pourquoi ?

        Plus forts durant la saison des pluies ? Oui ▫ Non ▫ Pas de changement ▫

           Si oui pour quoi?

27- Les vents changent ils de direction suivant les saisons ?

28- Quelles sont les conséquences des vents sur les activités ?

III- Bagré et impacts

1- Quelles ont été les conséquences de la mise en eau du Barrage?

Conséquences positives :

Sur la riziculture	
Sur l'élevage	
Sur la pêche	
Sur le Maraîchage	
Sur l'environnement (flore et faune)	
La population	

B   Conséquences négatives :

Sur la riziculture	
Sur l'élevage	
Sur la pêche	
Sur le Maraîchage	
Sur l'environnement (flore et faune)	
La population	

2 -Quelles ont été les stratégies pour faire face aux conséquences négatives de la mise en eau du barrage?

Sur la riziculture	
Pour l'élevage	
Pour la pêche	
Pour le Maraîchage	
Pour l'environnement (flore et faune)	
Pour la population	

IV- Ventilation des revenus

Postes de dépenses	Biens manufacturés	Equipements agricoles	Habitat	Elevage	Epargne	Habillement	Achat de vivres	Santé	Entretien, renouvellement d'équipement	Autres dépenses
Coût annuel										

ANNEXE 4 : GUIDES D'ENTRETIENS

GUIDE D'ENTRETIEN ADRESSE AUX ENCADREURS AGRICOLES

1-Nom et prénoms :

2-Service d'origine :

3-Zone d'intervention :

4-Avez-vous assisté à la mise eau du barrage ?

5-Dans quelles conditions s'est effectuée la mise eau du Barrage ?

6-Les populations ont-elles bénéficié d'informations et de sensibilisation dans le cadre de la mise en eaux de Bagré ?

7-Quelles ont été les conséquences de la mise eau du barrage sur la production agricole dans le village?

8-Les populations ont-elles été dédommagées pour toutes les pertes enregistrées suite à l'inondation de leur terroir ?

9-Avez-vous remarqué des changements dans les pratiques agricoles ?

10-Comment les populations font elles pour s'adapter au nouveau contexte ?

11-Quelles sont les actions de votre service en faveur de la bonne réintégration des populations ?

12-Quelles sont les activités agricoles qui ont disparu avec l'avènement du plan d'eau ?

13-De nouvelles activités agricoles ont vu le jour (ou se sont intensifiées) grâce à l'exploitation de la nouvelle ressource, leurs calendriers, les techniques de production utilisées?

14-Si oui, la part de ces différentes activités agricoles dans les quantités de production agricole annuelle du village (de la mise en eau du barrage à 2006 si possible)

GUIDE D'ENTRETIEN ADRESSE AUX RESPONSABLES DE LA MOB

1-Dans quels contextes les déguerpissements ou délocalisations de villages ont été réalisés à l'amont et à l'aval du barrage de Bagré ?

2-Quelles étaient les conditions de déguerpissements en termes de dédommagements et compensations ?

3-Quelles ont été les conséquences immédiates de la montée des eaux pour les populations ?

4-Quelle a été le degré de participation des populations avant, pendant et après le processus de déguerpissement et de la montée des eaux ?

5-Quelles étaient les conditions d'attribution des terres sur les terroirs d'accueil ?

6-Quelles ont été les actions des diverses autorités pour une meilleure intégration et adaptation des populations dans les nouvelles zones d'installation ?

7-Quelles ont été les promesses pour l'aménagement de la partie amont du barrage de Bagré ?

8- Quels sont les systèmes d'adaptation des populations locales face aux conséquences de l'inondation

Aménagements et impacts

1- Quelles ont été les conséquences de la mise en eau du Barrage et des effets du changement climatique (températures, vents, pluviométries) ?

Conséquences positives les activités dans la zone du projet Bagré:

Sur la riziculture	
Sur la pêche	
Sur le Maraîchage	
Sur l'environnement (flore et faune)	
La population	
Sur l'élevage	

B)   Conséquences négatives de la mise en eau du barrage et des effets du changement climatique (températures, vents, pluviométries) sur :

Sur la riziculture	
Sur la pêche	
Sur le Maraîchage	
Sur l'environnement (flore et faune)	
La population	
Sur l'élevage	

2-Quelles ont été les stratégies pour faire face aux conséquences négatives de la mise en eau du barrage et des effets du changement climatique?

3- Quelles ont été les contextes de la mise en place de la zone pastorale ?2

4- Quelles sont les caractéristiques de la zone pastorale ?

5- Combien d'éleveurs sont installés dans la zone pastorale ?

6- Quelle est le statut de cette zone pastorale ?

7- Quelles sont les avantages et opportunités offerts par la zone pastorale ?

8- Quelles sont les contraintes et les difficultés de la zone pastorale ?
9- Quelles sont vos stratégies pour faire face à ces difficultés ?
10- Estimation de l'effectif du cheptel dans la zone pastorale à l'installation et de nos jours

Espèces	Bovins	Ovins	Caprins	Porcins	Asins	volailles	Autres
1992							
1996							
1998							
1999							
2000							
2001							
2002							
2003							
2004							
2005							
2006							
2007							
2008							
2009							

GUIDE D'ENTRETIEN ADRESSE AUX RESPONSABLES DE LA PECHE (Foungou)

1-Dans quels contextes les déguerpissements ou délocalisations de villages ont été réalisés à l'amont et à l'aval du barrage de Bagré ?

2-Quelles étaient les conditions de déguerpissements en termes de dédommagements et compensations ?

3-Quelles ont été les conséquences immédiates de la montée des eaux pour les populations ?

4-Quelle a été le degré de participation des populations avant, pendant et après le processus de déguerpissement et de la montée des eaux ?

5-Quelles étaient les conditions d'attribution des terres sur les terroirs d'accueil ?

6-Quelles ont été les actions des diverses autorités pour une meilleure intégration et adaptation des populations dans les nouvelles zones d'installation ?

7-Quelles ont été les promesses pour l'aménagement de la partie amont du barrage de Bagré ?

8- Quels sont les systèmes d'adaptation des populations locales face aux conséquences de l'inondation

Aménagements et impacts

1- Quelles ont été les conséquences de la mise en eau du Barrage et des effets du changement climatique (températures, vents, pluviométries)?

A Conséquences positives les activités dans la zone du projet Bagré:

Sur la riziculture	
Sur la pêche	
Sur le Maraîchage	
Sur l'environnement (flore et faune)	
La population	
Sur l'élevage	

B Conséquences négatives de la mise en eau du barrage et des effets du changement climatique (températures, vents, pluviométries) sur :

Sur la riziculture	
Sur la pêche	
Sur le Maraîchage	
Sur l'environnement (flore et faune)	
La population	
Sur l'élevage	

2-Quelles ont été les stratégies pour faire face aux conséquences négatives de la mise en eau du barrage et des effets du changement climatique?

3- Quelles ont été les contextes de la mise en place de la pêcherie de foungou ?

4- Quelles sont les caractéristiques de la pêcherie de foungou ?

5- Combien pêcheurs sont installés dans la pêcherie de foungou ?

6- Quelle est le statut de la pêcherie de foungou ?

7- Quelles sont les avantages et opportunités offerts par la pêcherie de foungou ?

8- Quelles sont les contraintes et les difficultés de la pêcherie de foungou ?

9- Quelles sont vos stratégies pour faire face à ces difficultés ?

10- Estimation de l'effectif des prises dans les débarcadères de foungou et Gomboussougou

	Foungou	Gomboussougou
1992		
1996		
1998		
1999		
2000		
2001		
2002		
2003		
2004		
2005		
2006		
2007		
2008		
2009		

GUIDE D'ENTRETIEN AVEC LES MARAICHERS DE NIAOGHO

1- Avez-vous mené l'activité de maraîchage avant la mise en eau du barrage de Bagré ?

2-Quels changements avez-vous constaté sur votre activité depuis la mise en eau du barrage de Bagré ?

3-Quelles ont été les conséquences de la mise en eau du barrage ?

4-Les riverains ont –ils été dédommagés ?

5-Quelles sont les nouvelles pratiques avec la disponibilité de l'eau ?

6-y'a-t-il une disponibilité en terre de culture pour le maraîchage ?

7-Quelles sont les dispositions à prendre pour avoir accès à la terre de culture pour le maraîchage ?

8-Quels sont les problèmes rencontrés pour la mise en œuvre de votre activité ?

9-Quels types d'engrains et de pesticides utilisez-vous ?

10-Quelles sont les conséquences de l'insolation et de la chaleur sur votre activité ?

11-Quelles sont les stratégies développées pour parer les effets néfastes et renforcer les aspects positifs de ces paramètres ?

12-Quels sont les effets des vents sur votre activité ?

13- Quelles sont les stratégies développées pour parer les effets néfastes ?

14- Quelles sont les stratégies développées pour renforcer les aspects positifs de ce paramètre ?

15 Quelles sont les conséquences de la variabilité de la pluviométrie sur votre activité ?

16- Quelles sont les stratégies développées pour parer les conséquences négatives ?

17- Quelles sont les stratégies développées pour renforcer les conséquences positives ?

18-Quelles sont les raisons des mouvements de population dans la zone de Bagré ?

19-Quels sont les grands changements dans l'environnement et des activités de la zone de Bagré depuis la mise en eau du barrage ?

GUIDE D'ENTRETIEN AVEC LES PRODUCTEURS DE DECRUE DE LENGA

1- Quelles étaient vos activités de saisons sèches avant la mise en eau du barrage ?

2-Quelles ont été les conséquences de la mise en eau du barrage ?

3-Pratiquez-vous l'activité de décrue avant l'avènement du barrage ?

4-Quelles sont les grandes étapes de la culture de décrue ?

5-Comment se fait l'acquisition des terres pour l'activité de décrue ?

6-Tous les propriétaires terriens exercent-ils la culture de décrue ?

7-Que font les femmes pour avoir accès à la terre de décrue ?

8-Quels sont les problèmes majeurs de votre activité ?

9-Quelles sont les conséquences de l'insolation et de la chaleur sur votre activité ?

10-Quelles sont les stratégies développées pour parer les effets néfastes et renforcer les aspects positifs de ces paramètres ?

11-Quels sont les effets des vents sur votre activité ?

12- Quelles sont les stratégies développées pour parer les effets néfastes ?

13- Quelles sont les stratégies développées pour renforcer les aspects positifs de ce paramètre ?

14- Quelles sont les conséquences de la variabilité de la pluviométrie sur votre activité ?

15- Quelles sont les stratégies développées pour parer les conséquences négatives ?

16- Quelles sont les stratégies développées pour renforcer les conséquences positives ?

17-Quelles sont les raisons des mouvements de population dans la zone de Bagré ?

18-Quels sont les grands changements dans l'environnement et des activités de la zone de Bagré depuis la mise en eau du barrage ?

GUIDE D'ENTRETIEN AVEC LES PRODUCTEURS DE RIZ DE BAGRE

1-Où étiez-vous avant les aménagements de Bagré ?

2-Pour ceux qui étaient dans la zone de Bagré, quelles ont été les conséquences de la mise en eau du barrage ?

3-Que font actuellement ceux qui ont tout perdu à la suite des aménagements du projet Bagré ?

4-Quelles sont les conditions d'accès aux aménagements agricoles ?

5- Quelles sont les difficultés liées à l'exploitation agricole à Bagré ?

6-Y'a-t-il des parcelles de riz non exploitées dans les périmètres ? Si oui, pourquoi ?

7-Quel est votre calendrier cultural à Bagré ?

8-Y'a-t-il eu de nouvelles techniques de culture avec l'accès aux périmètres rizicoles ?

9-Quelles sont les difficultés spécifiques à la production ?

10-Quelles sont les stratégies adoptées pour parer ces difficultés ?

11-Quelles sont les conséquences de l'insolation et de la chaleur sur votre activité ?

12-Quelles sont les stratégies développées pour parer les effets néfastes et renforcer les aspects positifs de ces paramètres ?

13-Quels sont les effets des vents sur votre activité ?

14- Quelles sont les stratégies développées pour parer les effets néfastes ?

15- Quelles sont les stratégies développées pour renforcer les aspects positifs de ce paramètre ?

16 Quelles sont les conséquences de la variabilité de la pluviométrie sur votre activité ?

17- Quelles sont les stratégies développées pour parer les conséquences négatives ?

18- Quelles sont les stratégies développées pour renforcer les conséquences positives ?

19-Quelles sont les raisons des mouvements de population dans la zone de Bagré ?

20-Quels sont les grands changements dans l'environnement et des activités de la zone de Bagré depuis la mise en eau du barrage ?

GUIDE D'ENTRETIEN AVEC LES ELEVEURS DE LA ZONE PASTORALE

1-Où étiez-vous avant la mise en place de la zone pastorale ?

2-Quelles ont été les conséquences de la mise en eau du barrage par rapport à votre activité ?

3-Quelle est l'organisation mise en place pour l'exploitation de la zone pastorale ?

4-Quels sont les infrastructures et équipements disponibles dans la zone pastorale ?

5-Quels sont les avantages d'être installés dans cette zone pastorale ?

6-Quelles sont les difficultés rencontrées dans cette zone pastorale ?

7-Quelles sont les stratégies adoptées pour palier les difficultés et renforcer les avantages liés à l'exploitation de la zone pastorale ?

8-Quelles sont les difficultés spécifiques liées à l'abreuvement du cheptel de la zone pastorale ?

9-Des stratégies adoptées pour parer les difficultés d'abreuvement ?

Existe-t-il toujours la transhumance dans la zone ?

10-Quelles sont les conséquences de l'insolation et de la chaleur sur votre activité ?

11-Quelles sont les stratégies développées pour parer les effets néfastes et renforcer les aspects positifs de ces paramètres ?

12-Quels sont les effets des vents sur votre activité ?

13- Quelles sont les stratégies développées pour parer les effets néfastes ?

14- Quelles sont les stratégies développées pour renforcer les aspects positifs de ce paramètre ?

15- Quelles sont les conséquences de la variabilité de la pluviométrie sur votre activité ?

16- Quelles sont les stratégies développées pour parer les conséquences négatives ?

17- Quelles sont les stratégies développées pour renforcer les conséquences positives ?

18-Quelles sont les raisons des mouvements de population dans la zone de Bagré ?

19-Quels sont les grands changements dans l'environnement et des activités de la zone de Bagré depuis la mise en eau du barrage ?

GUIDE D'ENTRETIEN AVEC LES PECHEURS DE FOUNGOU

1-Quelles ont été pour vous les conséquences de la mise en eau du barrage ?

2-Quelles ont été les bouleversements spécifiques à l'activité de pêche après la mise en eau du barrage ?

3-Les avantages des aménagements pour la pêche ?

4-Les difficultés dans l'exercice de l'activité de pêche à Bagré ?

5-Quelles sont les stratégies adoptées pour palier les difficultés et renforcer les acquis liés à la pêche à Bagré ?

6-Quelles sont les conséquences de l'insolation et de la chaleur sur votre activité ?

7-Quelles sont les stratégies développées pour parer les effets néfastes et renforcer les aspects positifs de ces paramètres ?

8-Quels sont les effets des vents sur votre activité ?

9- Quelles sont les stratégies développées pour parer les effets néfastes ?

10- Quelles sont les stratégies développées pour renforcer les aspects positifs de ce paramètre ?

11- Quelles sont les conséquences de la variabilité de la pluviométrie sur votre activité ?

12- Quelles sont les stratégies développées pour parer les conséquences négatives ?

13- Quelles sont les stratégies développées pour renforcer les conséquences positives ?

14-Quelles sont les raisons des mouvements de population dans la zone de Bagré ?

15-Quels sont les grands changements dans l'environnement et des activités de la zone de Bagré depuis la mise en eau du barrage ?

LISTE DES FIGURES

LISTE DES PHOTOGRAPHIES

295

LISTE DES TABLEAUX

LISTE DES CARTES

TABLE DES MATIERES

www.ingramcontent.com/pod-product-compliance
Lightning Source LLC
Chambersburg PA
CBHW021030210326
41598CB00016B/973